AF453486

L'AMÉNAGEMENT DE L'EAU

ET L'INSTALLATION RURALE

DANS L'AFRIQUE ANCIENNE

L'AMÉNAGEMENT DE L'EAU
ET L'INSTALLATION RURALE
DANS L'AFRIQUE ANCIENNE

RAPPORT À M. LE MINISTRE

DE L'INSTRUCTION PUBLIQUE ET DES BEAUX-ARTS

SUR DES RECHERCHES POURSUIVIES PAR SON ORDRE

POUR DÉTERMINER LE MODE ET LES CONDITIONS DE LA COLONISATION

ET DE L'EXPLOITATION JUSQU'À L'ARRIVÉE DES ARABES

PAR

M. DU COUDRAY LA BLANCHÈRE

(RENÉ MARIE)

(Extrait des *Nouvelles Archives des Missions scientifiques*, t. VII)

PARIS
IMPRIMERIE NATIONALE

M DCCC XCV

L'AMÉNAGEMENT DE L'EAU

ET L'INSTALLATION RURALE

DANS L'AFRIQUE ANCIENNE.

RAPPORT À M. LE MINISTRE

DE L'INSTRUCTION PUBLIQUE ET DES BEAUX-ARTS

SUR LES RECHERCHES POURSUIVIES PAR SON ORDRE
POUR DÉTERMINER LE MODE ET LES CONDITIONS DE LA COLONISATION
ET DE L'EXPLOITATION JUSQU'À L'ARRIVÉE DES ARABES.

Monsieur le Ministre,

J'ai l'honneur, conformément aux ordres contenus dans votre lettre en date du 27 novembre, de vous exposer ci-après la marche suivie et les résultats obtenus par l'étude que j'ai commencée, depuis un assez grand nombre d'années, sur la colonisation et l'habitation en Afrique aux divers âges de l'antiquité. L'aménagement de l'eau est, dans cette région, un des fondements de l'installation rurale; c'est lui que j'ai pris pour premier sujet de recherches. Toutes les conditions de la vie dans les campagnes et de l'exploitation du sol sont plus ou moins ses conséquences. Le résultat des efforts anciens fut, durant des siècles, une culture intense, un peuplement serré dans des lieux aujourd'hui déserts. L'explication de pareils faits, pour une contrée maintenant ouverte à l'entreprise européenne, présente autant d'utilité immédiate que d'intérêt scientifique.

A

PUBLICATIONS ET LECTURES.

1883. *Voyage d'étude dans une partie de la Maurétanie Césarienne. Archives des Missions,* 3ᵉ série, t. X. — Rapport sur une mission exécutée en 1882, œuvre d'un débutant dans les questions africaines, mais qui contient, semble-t-il, quelques indications neuves sur ce que fut la province d'Oran. L'historique de l'emploi des eaux y est touché en maint endroit, particulièrement aux pages 12, 30-31, 43-44, 65, et dans toute la section IV.

1888. *Renseignements sur le pays et les ruines entre Zaghouan, Djebibina et Sousse. Bull. arch. du Comité,* 1888, p. 466-472. — Cette relation partielle d'une reconnaissance effectuée en 1886 contient (p. 468) la description des constructions qui existent sur l'Oued Lebroum, à l'Henchir Sguida.

1889. *Aménagement de l'eau dans l'Afrique ancienne,* trois planches exhibées au Palais tunisien à l'Exposition universelle. — La brochure intitulée *Exposition du Service des antiquités et des arts de la Régence de Tunis,* Paris, 1889, en donne (p. 6) la désignation et énonce brièvement la théorie dont les ouvrages hydrauliques figurés dans ces planches fournissent les bases.

Ce travail a été fait et montré pour répondre à l'empressement des pouvoirs publics dans la Régence, où je dirigeais alors le service des Antiquités. M. Massicault, résident général, aujourd'hui décédé, a suivi cette recherche, j'ai le devoir de le dire, et ses Rapports annuels en font foi, avec une attention passionnée. C'est lui qui a voulu qu'elle ne demeurât pas un simple coup d'œil sur des monuments curieux; c'est sur son invitation que j'ai entrepris la première enquête d'ensemble sur l'état ancien du pays.

J'ai donc, en partie sous ses yeux, consacré les six années de 1885 à 1891, autant que mes autres devoirs m'en ont pu laisser le loisir, à explorer la province d'Afrique, région où les antiques travaux d'hydraulique agricole sont le plus abondants, le plus beaux, le plus typiques. Leur nombre est immense, et un homme ne peut guère penser à les relever tous. Mais, à force d'en observer, un moment arrive où les lois générales, où les phénomènes d'ensemble se dessinent avec netteté; les faits bien établis sont trop multipliés pour laisser croire que d'autres viennent leur apporter un démenti. On peut donc, en éliminant ceux qui n'offriraient que redites, tracer sûrement et éclairer d'exemples caractéristiques le tableau de la pratique d'autrefois.

1891. *L'aménagement de l'eau courante dans l'Afrique romaine,* lecture à l'Académie des inscriptions et belles-lettres, dans la séance du 18 décembre. — Le résumé est imprimé dans les *Comptes rendus,* 1891, p. 428-429.

Ce travail, accompagné de planches et de dessins dans le texte, allait être publié, lorsque la Commission de l'Afrique du Nord, qui siège au Ministère, décida, en 1892, sur la proposition de M. X. Charmes, directeur du Secrétariat, d'entreprendre une grande *Description* de toutes les contrées qui lui sont ouvertes. Je reçus alors le mandat d'étendre l'enquête commencée à toutes nos provinces africaines. L'écrit lu à l'Institut n'était plus ainsi destiné qu'à faire une portion d'une œuvre bien plus vaste, dont le plan est tracé ci-dessous.

1894. *Dictionnaire des antiquités* de Saglio, art. *Fossa:* 3ᵉ section, *Afrique;* 4ᵉ section, *Irrigation.* — J'ai cru pouvoir condenser dans ces quelques pages les résultats acquis, c'est-à-dire surtout la théorie générale, expliquée par des exemples sommairement décrits, et annoncer, avec son titre, l'ouvrage complet auquel je travaille.

B

LA COLONISATION
ET L'EXPLOITATION DE L'AFRIQUE SEPTENTRIONALE
JUSQU'À L'ARRIVÉE DES ARABES.

Ce travail d'ensemble, tel que vous avez bien voulu, Monsieur le Ministre, m'inviter à l'exécuter, me paraît devoir se poursuivre suivant le plan général que voici :

I. Le climat de l'Afrique dans l'antiquité et de nos jours, et particulièrement le régime des eaux.

Diverses régions : le Sahel, le Tell, les Hauts-Plateaux, les montagnes du Sud, le Sahara, le massif central tunisien, la plaine et la côte orientales, le Sud tunisien et l'Arad.

Les modifications supposables depuis les temps antiques sont très inégales suivant ces régions.

Le long du littoral courent les collines du Sahel, reliant les grosses masses du Rif, du Dahra, de la Kabylie, des Babors, de l'Edough, de la Khroumirie, etc.; plus au Sud et parallèlement, l'Atlas; entre les deux, une grande vallée plate, que des renflements transversaux coupent en différents bassins: ceux du Cheliff, de l'Isser, de l'oued Sahel, de la Medjerda. Cette région n'a, pour ainsi dire, subi aucun changement depuis l'antiquité; le déboisement même de ses parties élevées est un phénomène moderne et, par endroits, contemporain. Elle n'a d'ailleurs rien à gagner à une modification quelconque, recevant une couche d'eau supérieure à celle dont jouissent la plupart des terres d'Europe. C'est le Tell.

Au Sud, entre l'Atlas tellien et l'Atlas saharien, portés sur les deux, s'étendent les Hauts-Plateaux, bassins de lacs salés. Leur état hygrométrique a changé, mais pas autant qu'on l'imagine. Il est visible qu'il y a moins d'eau, mais non pas infiniment moins, ainsi qu'on l'a cru. Les montagnes du Sud cependant paraissent avoir été plus boisées, et des textes anciens formels nous montrent le bord du Sahara comme une espèce de grande jungle.

Mais c'est le Sahara lui-même qui a subi un vrai desséchement. La cause n'en est pas bien connue, ce n'est pas nous qui la rechercherons. Le fait, toutefois, demeure hors de doute. Faune et flore ont changé de concert, et, depuis le temps où le pays est devenu ce que nous le voyons, le phénomène ne paraît pas entièrement arrêté. Il est à noter seulement que le climat de cette contrée, basse et séparée des voisines par des montagnes très élevées, ne peut avoir d'influence sur le leur.

La Tunisie présente deux régions que l'Algérie ne possède pas.

Sur ses confins avec cette dernière et dans sa partie centrale, l'Atlas s'étale en un massif de hammadas, qui a, des hauts plateaux algériens, l'altitude, mais qui n'a pas leurs dépressions centrales, leurs sebkhas salées; arrosé par des fleuves et pourvu de montagnes, ce pays forme la Numidie des premiers âges romains.

A ses pieds s'étend, jusqu'au rivage de la mer orientale, une plaine qui tient aussi beaucoup des Hauts-Plateaux, mais qui n'a pas leur altitude. Elle est basse, son climat est presque saharien; elle reçoit fort peu d'eau et n'en jette pas à la mer; elle se compose de dépressions annulaires juxtaposées, au fond desquelles sont des sebkhas; ses côtes font le Sahel tunisien, que la similitude de nom (*sahel* veut dire « rivage ») ne doit pas faire confondre avec le Sahel du Nord.

Enfin la Régence a encore, tout à fait au Sud, dans l'Arad, un pays très particulier. C'est un prolongement de cette même région par delà les grands chotts du Triton, mais plus étroit, plus chaud encore, placé au pied de hautes montagnes nues, traversé par de profondes tranchées qui se terminent toutes à la Syrte. Il se continue jusqu'en Tripolitaine, jusqu'où commence le désert.

Ces deux régions, au point de vue de l'hydrographie naturelle, n'ont pu subir que peu de changements.

II. Il n'est pas impossible de se représenter ce qu'étaient les pays Barbaresques à l'origine, lorsque la main de l'homme n'avait pas encore modifié l'action des forces naturelles. D'une part, des textes nombreux donnent des renseignements utiles : on les a souvent mal compris, faute d'avoir sévèrement limité, et dans le temps et dans l'espace, le témoignage de chacun d'eux; on n'en doit jamais rien conclure pour une autre contrée, ni pour une autre époque. D'autre part, on a sous les yeux, sur de grandes étendues encore, et surtout on a pu constater, pendant les premiers temps de notre occupation, ce que deviennent les diverses terres abandonnées à elles-mêmes.

Dans la première région, d'immenses massifs forestiers ont couvert partout les montagnes : il en reste toujours beaucoup. De même l'Atlas est, dans l'antiquité, une des grandes régions boisées du monde; les plus beaux et les plus gros arbres, les plus précieux aussi, font sa gloire. Les chênes s'y touchaient avec les résineux, représentés encore par ces majestueux cèdres que nos touristes vont y admirer.

Les plaines telliennes sont, comme nous les voyons toujours à l'état inculte, envahies par la broussaille : le lentisque, le palmier nain, tous les arbustes africains y poussent en touffes pressées, repaires d'animaux carnassiers; les vallons, les lits des cours d'eau, envahis par le laurier-rose et parsemés d'énormes scilles, sont l'habitat du sanglier.

Les montagnes du Sud étaient également boisées, mais d'une autre façon. Thuyas, genévriers non encore exploités ni détruits y atteignirent, à force d'ans, des proportions gigantesques, croissant, tels qu'aujourd'hui leurs descendants dégénérés, à distance les uns des autres, sur un sol qui ne paraît point souffrir un vêtement serré.

Les Hauts-Plateaux, secs dans leur partie élevée, humides et marécageux dans leurs fonds, semés de montagnes isolées, étaient couverts d'herbes, d'alfa, privés de végétation arborescente.

La plaine orientale, surtout dans la partie où elle avoisine les grands chotts, amassait des nappes d'eau dans chacune des vallées circulaires qui se partagent sa surface; ces fonds étaient un redoutable fouillis de végétaux inutiles, où circulaient encore des troupes d'éléphants.

Le nord du Sahara, énorme marécage coupé de déserts plus hauts, était limité de ce côté par des jungles indéfinies, que les premières expéditions romaines eurent à franchir.

Sur ce territoire ainsi fait, une population encore clairsemée, probablement pas homogène, subit les conditions de vie que lui impose chaque région.

Des peuples noirs au Sud habitent les oasis, disputant, pour planter leurs palmiers, à l'éléphant, au lion, au python, à toute la faune soudanienne maintenant émigrée, les immenses lits des ouadis sahariens, aujourd'hui secs, alors mouillés, malsains, fertiles.

L'Arad et ses îles ou presqu'îles sont déjà un pays de culture sédentaire : les Lotophages y mènent la vie de nos Djerbiens, de nos Douirat.

La plaine orientale, qui sera le Byzacium, est certainement peu occupée : les fonds y sont inhabitables, l'eau potable y existe à peine, le reste de la superficie est sec.

L'Atlas du sud et ses Gétules, les Hauts-Plateaux, où vaguent les Numides, montrent un pays de parcours et des peuples franchement nomades; à peine quelques cultures dans quelques coins du Tell. Partout le jeu des forces naturelles est laissé à lui-même; l'homme n'a pas pris toute sa place au milieu d'agents si puissants, contre lesquels il ne sait pas combattre, qu'il ne se préoccupe pas encore de dompter.

Voilà le problème qui s'est posé aux civilisations antiques.

III. On n'ignore pas que la mise en valeur fut d'abord l'œuvre
des colons phéniciens. Elle commença par la Zeugitane, domaine
propre de Carthage; les Libyphéniciens l'étendirent dans l'intérieur.
Le Byzacium lui-même entra dans le mouvement. Dans les siècles
qui précédèrent les guerres puniques, l'agriculture carthaginoise,
à laquelle les Romains empruntèrent tant, avait transformé le
pays en une vaste ferme, où les bras indigènes ne restaient pas
oisifs. Nous savons que la Zeugitane était dès lors une riche terre
à blé, que ses grandes plaines, c'est-à-dire la vallée de la Medjerda, le Mornag, la contrée de Tunis à Zaghouan, et sans doute
déjà l'Enfida, étaient couvertes de céréales, que les forêts étaient
exploitées, que les cultures arborescentes et jardinières florissaient.
Nous ne pourrions douter, connaissant le terrain, que cette œuvre
de longue haleine, qui demanda cinq ou six siècles, n'ait exigé
quelque mise en état des eaux. Aussi en avons-nous des témoignages formels, et voyons-nous, par exemple, Agathocle admirant
les canaux, les cours d'eau naturels et artificiels, les irrigations
de l'Afrique.

Au temps des guerres puniques, la Numidie s'y mit également.
Masinissa apparaît dans les textes comme l'initiateur d'une transformation : il employa son très long règne à fixer ses tribus au
sol, à leur faire joindre l'agriculture au pâturage, jusque-là seule
ressource d'un peuple nomade et ignorant. C'est d'alors que durent
partir les premiers essais d'aménagement des terrains habitables
d'une part, et des eaux courantes de l'autre. A la même époque,
le Byzacium trouva enfin sa vraie fortune. Les céréales y de-
meurèrent en honneur; ses silos, plus de cent ans après, nourriront
encore les troupes de César; mais elles passent au second plan,
la culture en grand de l'olivier prendra bientôt le premier rang.
Il est infiniment probable que, de tout temps, Carthage avait planté
des oliviers et fabriqué de l'huile; mais c'est pendant la dictature
d'Annibal après Zama que cette industrie s'imposa dans le Sahel,
où elle fleurit encore, et d'où elle s'étendit au point de couvrir
d'un bois continu une très grande part du Byzacium.

De ces ouvrages de l'âge punique, il ne subsiste presque rien;
on les suppose plus qu'on ne les voit, mais leur existence est certaine.
On ne saurait dire toutefois jusqu'où était poussé l'aménagement
des eaux, parce qu'il a continué depuis, se perfectionnant sans
cesse. La conquête romaine, la colonisation, le peuplement intense

dont l'Afrique fut, dans les âges suivants, le théâtre donnèrent à l'œuvre ébauchée un extrême développement; recouverts, remaniés, refaits, les travaux primitifs ont été absorbés, ont disparu dans la mise au point définitive du pays.

C'est donc à l'époque romaine, aux siècles heureux de l'empire, qu'on se placera pour étudier l'installation rurale, hydraulique et agricole.

Les témoignages ensuite ne nous manqueront pas à l'époque byzantine, puis au temps des Arabes, qui feront voir la décadence, ensuite la ruine, ici par l'abandon, là par la main des hommes et la fureur des guerres, un peu partout par le changement profond des mœurs, des habitudes, de la vie. Ainsi l'on atteint l'âge affreux où l'Afrique, toute arabisée, a perdu ce qui fit sa force, sa civilisation, sa richesse.

Cependant, quelque curieux que soit ce tableau historique, on ne peut le tracer qu'en traits fort généraux; il n'égale pas en intérêt l'étude des monuments, la recherche des conditions de la vie dans la période de splendeur.

IV. *Aménagement de l'eau courante.*

Cette grande œuvre n'a pas été entreprise sur plan d'ensemble, d'après un dessein préconçu; chacun a fait, au fur et à mesure, les travaux que nécessitaient les besoins de la localité; et il s'est trouvé, de proche en proche, que tout le nécessaire a été accompli. Néanmoins, comme toutes les parties d'un même bassin sont solidaires, comme d'ailleurs la colonisation, tant carthaginoise que romaine, a commencé par gros domaines, par affaires embrassant des lots considérables, il est certain que ce fractionnement des efforts n'est que relatif; c'est par masses correspondant à des divisions naturelles que la tâche a été abordée. L'association, qui, sous toutes ses formes, fut, à l'âge romain, la règle de la vie, a permis de continuer, d'achever, d'entretenir les ouvrages dans les mêmes conditions.

Types principaux d'aménagements.

Grandes vallées, fleuves permanents; compartiments, paliers, barrages.

Bassins restreints, les crues, ouvrages de distribution, canaux, irrigations.

Les vallons supérieurs : barrages rustiques, échelons.
Plaines ou plateaux, aménagement des ceintures.
Vallées étagées, reprise des eaux.
Le Sahara : eaux artésiennes, eaux superficielles.
Irrigations, conduite des eaux.
Retenues et distributions.
Cas particuliers. Aménagement naturel. Terre sèche.

Cette section comporte l'étude d'un grand nombre d'ouvrages anciens pris comme exemples, analysés, figurés.

V. *L'eau d'alimentation.*

Presque tous les travaux d'adduction ou d'emmagasinage d'eau par aqueducs, réservoirs, citernes ont pour but unique ou principal de procurer de l'eau pour boire ou pour les usages ménagers. Ils alimentent généralement un centre de population ; rarement, et toujours dans une mesure restreinte, ils visent un besoin agricole.
La potabilité de l'eau en Afrique.
Eau pluviale : les citernes, modèles, usages, construction, etc.
Eau de source : fontaines, aqueducs, réservoirs, etc.
Les puits, les oglets, etc.
L'alimentation des villes en eau potable : Carthage, Cherchel, Bougie, Constantine, etc.
L'alimentation des campagnes, types nombreux.

VI. *Installation rurale.*

* Les cultures :

Végétation spontanée, végétation artificielle.
Les céréales, la vigne, l'olivier, le figuier, le pistachier, les arbres fruitiers, le jardinage.
Pâturages, plantes herbacées.
Le dattier, les cultures du Sud.
La forêt : les chênes, le liège, les résineux, les bois de luxe.
Répartition des cultures et des exploitations de produits naturels suivant les régions et les âges. Industries agricoles.

   L'habitation :

Les domaines, fermes, villas, hameaux.
Leurs relations avec les bourgs et villes.

Viabilité vicinale et rustique.

La maison rurale.

Types divers de bâtiments d'habitation et d'exploitation. Monuments figurés, textes, ruines. Analyse de quelques installations caractéristiques dans la Zeugitane, le Byzacium, la Numidie, la Maurétanie.

État légal, économique, social du campagnard aux divers âges et dans les divers lieux.

Tel est, Monsieur le Ministre, le cadre que, pour satisfaire votre désir et celui de la Commission, je me propose de remplir. Quant à l'état actuel de mes recherches, je ne puis mieux vous le faire connaître qu'en reprenant, pour vous la soumettre, la communication dont l'Académie des Inscriptions et Belles-Lettres a bien voulu écouter la lecture. Ce n'est pas que mon travail, jusqu'ici, soit borné à ces quelques pages sur une seule des questions, celle de l'eau courante. Mais le dossier d'une étude si complexe ne saurait être mis sous vos yeux. On ne devrait livrer, en pareille matière, que ce qu'on croit définitif. Cet exposé même ne peut l'être; tout y appelle encore la vérification; ce ne sont là que matériaux. Je me flatte pourtant que, si quelques détails doivent être rectifiés, les principes fondamentaux et les lois générales que j'ai cru pouvoir formuler ne recevront aucune atteinte. C'est là l'essentiel. Si je devais modifier mon travail, il vaudrait mieux dès maintenant le refaire, et je ne pourrais plus répondre au souhait que vous m'exprimez. J'élague toutefois plusieurs détails techniques, lesquels exigeraient des planches que ce rapport ne comporte pas. Je me bornerai à insérer un petit nombre de dessins, les uns purement schématiques, destinés à fixer pour les yeux le tracé théorique des aménagements, les autres croquis provisoires, comme les interprétations auxquelles ils servent de support. Je supprime également plusieurs des citations, renvois et textes; ces documents seront repris et discutés dans l'ouvrage d'ensemble. Enfin je ne crois pas devoir mettre au courant les tables météorologiques et autres que j'avais dressées il y a quatre ans, et qui naturellement ne valent que pour la Tunisie. C'est ce qu'il sera temps de faire pour la période écoulée depuis lors, quand cette esquisse disparaîtra fondue dans le travail complet.

C

L'AMÉNAGEMENT DES EAUX COURANTES
ET LA COLONISATION ANTIQUE.

Remarques sur quelques travaux hydrauliques des anciens dans la Régence de Tunis, présentées à l'Académie des inscriptions et belles-lettres le 18 décembre 1891.

Dans une contrée uniquement agricole, l'histoire du régime des eaux est celle même du pays. En Afrique plus qu'autre part, cette histoire y apparaît terriblement mouvementée. On voit ce pays, en effet, dans les âges qui nous sont connus, d'abord inculte, puis devenant rapidement l'usine à céréales, à huile, la plus vaste que les anciens aient possédée; puis passant non moins promptement à un état d'improduction étrange, au point de sembler non seulement abandonné presque entièrement, mais, sur d'immenses étendues, naturellement infécond. De pareilles révolutions méritent qu'on les étudie. Il s'agit d'une terre que la France vient de prendre en main, et où les leçons du passé ont quelque chance d'être utiles.

L'Afrique fut le grenier de Rome. C'est à peine s'il faut le redire, on n'a plus besoin de le prouver, il n'y a pas de fait mieux certain. Et à compter d'un certain âge, la partie la plus riche paraît être justement celle qui est maintenant la plus vide, le Byzacium, c'est-à-dire le Sahel tunisien et la région qui lui confine entre le djebel Zaghouan, le massif du Bargou, les rives des Chotts et la Syrte. L'industrie agricole y était développée. L'habitation y était dense, comme dans toute la province. Les listes d'évêchés révèlent un chiffre incroyable de cités, la toponymie connue par d'autres sources est énorme, les écrivains sont unanimes. Mais il y a, pour tout le territoire, des témoins plus parlants, plus nombreux. Ce sont les ruines qui le couvrent. A qui n'a point vu ce semis, on ne peut en donner l'idée. Telle grande route de l'antique province a, pendant 150 kilomètres, une station par lieue, par demi-lieue même. Et ce sont, non pas des villages, mais, pour la plupart, de gros centres, d'où partent des faubourgs qui, le long de la voie, s'en vont quelquefois se rejoindre, et d'où rayonnent des établissements qui occupent toute la campagne. Dans la Régence de Tunis, toute ruine romaine en a quelque autre en vue; toujours, en visitant les restes d'une exploitation, d'une bourgade, d'une ville, on aperçoit plus ou moins loin les constructions de ses voisines. Il existe dans l'Europe moderne peu de régions plus habitées que ne l'ont été les alentours de Thuburbo, de Mactar, de Zama, de Suffetula, de Thelepte. Sur les plateaux où s'élevaient ces dernières, places tout à fait de premier ordre, il y a moins de bourgs peut-être; mais ce sont à chaque pas des chefs-lieux de domaines nettement caractérisés, avec habitations, huileries, pressoirs, moulins, tous les organes d'une vie agricole aussi énergique que large : c'est là le cœur du Byzacium. J'ai avancé, dans un ancien travail, que l'Afrique, Numidie comprise, a pu atteindre un maximum de 12 millions d'habitants; plus je relève les traces des anciens, moins je trouve ce chiffre excessif.

Ce même espace, c'est-à-dire à peu près la province de Constantine et la Régence de Tunis, la Tripolitaine demeurant en dehors, n'a pas 3 millions d'âmes. Nous maintenons la paix, nous faisons nos efforts pour encourager la culture, pour provoquer la colonisation; cependant l'accroissement est lent, les entreprises agricoles sont soumises à mille chances, le pays n'en est pas encore à se suffire complètement. Comment donc la population y était-elle si abondante? Comment produisait-elle si fort, qu'elle nourrissait de son surcroît une partie de l'Italie? On comprend tout de suite que c'est précisément parce qu'il était si nombreux, que ce peuple a pu tant demander et tant obtenir de la terre. Mais c'est aussi parce que la terre pouvait donner beaucoup que le peuple était si nombreux. Il y a lieu de rechercher de quelle manière s'y sont pris les anciens. Et d'abord se sont-ils trouvés dans des conditions différentes de celles où l'on est aujourd'hui? Si le problème qui s'est posé à eux n'était pas le même qui se dresse à présent devant le colon et l'indigène, il importe de le savoir : nous en tirerons la certitude qu'il ne faut pas les imiter. Mais si, au contraire, les données sont à peu de chose près les mêmes, quel précédent et quel modèle que leurs travaux et leur succès!

I

DU RÉGIME DES EAUX DANS LA PROVINCE D'AFRIQUE.

Sur le climat de l'ancienne Afrique, nous n'avons pas de textes détaillés, et, sur le régime de ses eaux, nous en avons de moins clairs encore. Mais on en tirera parti, moyennant une critique prudente, en retenant qu'ils ne parlent pas tous des mêmes temps ni des mêmes régions.

L'étude présente, renfermée dans les limites de son titre, n'abordera que les pays *agricoles* de la province, ceux qui firent concurrence à l'Europe, produisant, comme l'Italie, la Sicile ou la Narbonnaise, le vin, les céréales et l'huile. Le Sahara n'y entre point.

Elle n'embrasse pas l'agriculture, bien que celle-ci soit une conséquence de l'ordre de faits qu'elle expose. Elle n'atteindra pas même tous les éléments du climat. La température est en dehors: du moment que l'on est dans la zone tempérée, nos végétaux alimentaires prospèrent; une chaleur, encore éloignée de celle des pays tropicaux, ne leur fait que du bien si l'arrosage s'y joint. Enfin la qualité des eaux ne sera pas considérée; que le liquide soit potable ou non, les fruits de la terre n'en souffrent point du moment qu'il n'a pas une salure trop forte. L'eau d'alimentation dans l'Afrique romaine mérite une étude distincte.

§ 1. Aujourd'hui.

Le régime des eaux courantes est le produit de quatre facteurs : relief, pluies, sol, végétation. Chacun d'eux influe sur les autres, mais doit se considérer à part.

L'importance de l'orographie est, en Afrique, prépondérante. Elle détermine les différents climats, l'habitat des espèces végétales, et domine la répartition des vents, des nuages et des eaux. Le pays tout entier ne touchant que quatre ou cinq degrés de latitude dans le sud de la zone tempérée, c'est l'altitude qui fait les différences, et c'est aussi l'exposition.

L'orographie des pays Barbaresques est engendrée, on le sait, par deux grands plis, le Petit Atlas et l'Atlas Saharien, qui, partis du gros nœud de l'Atlas Marocain, viennent finir en Tunisie. En avant, tout le long de la côte, s'étendent des chaînes de collines qu'on appelle en Algérie *le Sahel*, et de fortes masses intercalaires, Dahra, Kabylie, Edough, Khroumirie, Mogodie. Derrière cette première zone s'étage la seconde, le Tell. Le Sahel et le Tell ont un climat semblable. Mais, dans les montagnes, l'altitude vient corriger la latitude, et, avec une somme de pluies infiniment plus large qu'au reste du pays, leur donne les neiges et les froids hivernaux de nos Cévennes, de notre Jura, de nos Vosges. Les fleuves du Tell tracent leurs vallées en cherchant une issue à travers le Sahel. Le Petit Atlas, vers le Sud, est le support d'une autre zone, élevée, faite de plateaux fermés ; les eaux gagnent, dans des dépressions, des nappes salines, les sebkhas. Ces Hauts-Plateaux sont soutenus au Sud par la dernière chaîne ; puis vient le Sahara.

En Tunisie, les choses changent un peu. La côte, se courbant vers le Sud, forme une quatrième zone. Sauf sur le golfe de Tunis, les deux chaînes s'arrêtent assez loin de cette mer orientale ; et, au-dessous des Hauts-Plateaux, à l'Est, est la plaine du Bas-Byzacium. Cette plaine, bassin de sebkhas, est un haut plateau sans l'altitude ; tout entière au-dessous de 100 mètres, elle tient beaucoup du Sahara. Ce qu'on appelle le Sahel Tunisien, c'est son rivage. Le Petit Atlas vient finir aux Hauts-Plateaux du centre par un massif élevé et épais qui se prolonge, d'une part dans la presqu'île du cap Bon, ayant devant lui le Zaghouan, d'autre part vers le littoral de Bizerte, traversé par la Medjerda entre Medjez-el-Bab et Béja. Il a ainsi deux versants presque égaux : l'un au Nord, plaines de la Medjerda, de Tunis, de Mornag et de Zaghouan, hautes régions du Kef, de Maktar et de Ksour, c'est-à-dire la Zeugitane ; l'autre au Sud, plaines de l'Enfida, de Kairouan et d'El-Djem, Sahel Tunisien, hauts plateaux de Sbeitla, Thala, Feriana, c'est-à-dire le Byzacium. Les eaux du versant Nord vont par l'oued Miliane et par la Medjerda, qui reçoit l'oued Melleg et la Siliana, au golfe de Tunis. Les eaux du versant Sud vont : soit par l'oued Zeroud, qui se forme de l'oued Djilma, de l'oued El-Hatob, de l'oued Bagla et de l'oued Merg-el-Lil, à la Sebkhat-el-Kelbia ; soit par l'oued Oum-el-Ksab et l'oued Sidi Aich, vers les grands chotts du Sud ; une faible partie se perd dans les sebkhas de Sidi-el-Hani, de Moknin, Mechguig, Nouail, etc. ; presque rien n'arrive à la mer.

Donc quatre zones se dessinent : les montagnes du littoral Nord, suite des massifs littoraux d'Algérie ; le versant Nord du massif central, analogue au Tell algérien ; le versant Sud, suite des hauts pays de la province de Constantine ; une région propre à la Tunisie, savoir : le rivage oriental et la plaine, presque saharienne, entre ce rivage et les Hauts-Plateaux.

Ces quatre zones ont été cultivées ; mais il est évident qu'elles diffèrent beaucoup, et que, grâce à la quatrième, l'Afrique elle-même différera de sa voisine la Numidie.

Il y a en Tunisie 10 millions d'hectares (80 p. 100 du pays) au-dessous de 400 mètres, dont près de 8,250,000 au-dessous de 200 [1]. Des 5 millions ou un peu plus qui dépassent cette dernière altitude, il faut déduire ceux au-dessus de 1,000 mètres; la culture y devient pénible, puis cesse d'être rémunératrice; mais il n'y en a pas 2,200,000 hectares. Les Hauts-Plateaux, en général, ont de 600 à 1,000 mètres; ils forment, avec les montagnes boisées, un total inférieur à 1,100,000 hectares; c'est aujourd'hui le pays de l'alfa. De 600 à 400 mètres, 1,500,000 hectares environ sont voués à la broussaille, partout où le travail ne les a pas saisis; l'olivier commence à y paraître et descend jusqu'au littoral. Si la Tunisie a, en gros, 13,500,000 hectares, sans déduire les eaux intérieures, il y en a peut-être bien 10,500,000 capables de production (y compris les forêts et végétaux ligneux de tout ordre), dont moins de 4 millions sont dits aujourd'hui cultivables, mais il s'en faut qu'on les cultive.

D'une façon sommaire, les terres productives et anciennement utilisées sont à répartir comme suit :

Littoral, plaines et collines (dunes sahariennes et côtières non comprises), de 0 à 400 mètres environ..............................	8,000,000 hect.
Régions montagneuses, de 400 à 1,200 mètres environ..............................	1,850,000
Hauts-Plateaux, de 600 à 1,000 mètres environ.	650,000
Total approximatif........	10,500,000

Nous ne tarderons pas à voir ce qui résulte de cette disposition.

Pour étudier les pluies, il faut examiner la quantité de l'eau qui tombe et, non moins, sa répartition.

La moyenne pour la Tunisie a été, de 1885 à 1889, de 65 à 67 jours de pluie, donnant de 49 à 54 centimètres. Mais les années diffèrent furieusement. Au Dar-el-Bey de l'Enfida, centre

[1] Une partie des chiffres qui suivent, et que nous ne pouvons vérifier qu'en gros, sont empruntés à un fort bon travail publié par le Service des forêts de la Régence en tête du *Catalogue* de son exposition dans la section tunisienne, en 1889.

d'une des plaines de culture les plus importantes du Nord-Est, le pluviomètre a varié de o m. 8o415, en 1884, à o m. 24640 en 1887. C'est-à-dire qu'ayant, en 1884, dépassé d'un bon tiers la normale de Paris (555 millimètres), il n'a pas, en 1887, atteint la moitié de celle-ci. D'ailleurs, rien ne serait plus faux qu'une évaluation générale, qui compense toutes les influences; et les régions sont si diverses, qu'elle tromperait sur chacune d'elles. Il n'en faut retenir qu'un fait : la Tunisie, en bloc, reçoit une moyenne d'eau peu inférieure à celle du climat de Paris [1].

Des relevés locaux sont beaucoup plus frappants. Voici ceux de contrées célèbres dans l'agriculture d'autrefois. Ils portent sur les années 1885 à 1888, mises en regard de 1889, qui fut une année pluvieuse :

LOCALITÉS.	MOYENNE des ANNÉES 1885, 1886, 1887, 1888.	1889. (Peu pluvieuse à Paris : 532^{mm},4.)
	millim.	millim.
Bizerte (*Hippo Diarrhytos*)............	539,0	726,7
Tunis (et Carthage).	425,6	540,5
Sousse (*Hadrumetum*)...............	422,6	476,0
Sfaks (*Taparura*).................	250,7	299,0
Gabès (*Tacapae*).................	169,7	254,6
Kairouan (plaine centrale)............	275,9	329,3
Le Kef (*Sicca Veneria*).	494,3	605,0
Gafsa (*Capsa*).................	243,4	237,7

Dès ce tableau, on entrevoit la répartition des pluies suivant nos quatre zones. Le complétant par diverses observations recueillies depuis l'occupation, on trouve les résultats suivants :

[1] Pour l'établissement des tableaux qui vont suivre, j'ai eu à ma disposition : 1° quelques chiffres contenus dans l'exposé cité plus haut, donné par la Direction des forêts; 2° une *Notice sur le climat de la Tunisie*, étude d'un caractère nécessairement provisoire, écrite, à l'occasion de l'Exposition de 1889, par MM. Cazeneuve, inspecteur adjoint des forêts, et Lallemant, médecin militaire; 3° les tables d'observation des stations, encore trop peu nombreuses, du Service météorologique de la Régence depuis l'occupation; 4° diverses observations, parmi lesquelles les relevés de quelques pluviomètres privés, tels que celui de l'En-

Dans la première, le poste d'Aïn-Draham, à 1,004 mètres d'altitude, donne, entre 1884 et 1890, une moyenne de 1 m. 8206. C'est le pays le plus arrosé.

Dans la seconde, partie haute, le poste de Souk-el-Djemaa, à 1,058 mètres, donne, pour la même période, la moyenne de o m. 6608; celui du Kef, à 708 mètres, o m. 5165; et, dans la partie basse, le poste de Bizerte arrive à o m. 5866; celui de Tunis, à o m. 4541.

Dans la troisième, on possède à peine deux années d'observations, mais la moyenne ne dépassera pas 250 millimètres.

Dans la quatrième, pour la plaine, Kairouan, à 74 mètres, donne o m. 2866; et, pour le littoral, Sousse a o m. 4333; Sfaks, o m. 2604.

Comment, maintenant, se distribuent ces pluies?

En France, vrai climat moyen, tempéré sous tous ses aspects, il pleut un peu toute l'année, et seulement plus en certaines saisons. En Tunisie, il n'en est pas de même. L'année 1889 fut sèche à Paris, pluvieuse en Afrique. Mais les o m. 5324 de Paris ont été partagés sur 176 jours de pluie et 29 de neige; en Tunisie, la moyenne est montée à o m. 8195 : un tiers de plus, total superbe, mais concentré sur 82 jours, soit beaucoup moins de la moitié. Brisons encore cette moyenne. Remplaçons ses chiffres fictifs par les chiffres réels de plusieurs stations. Si les o m. 5405 de Tunis, climat de Carthage, sont tombés en 95 jours, en revanche les o m. 476 d'Hadrumète n'en ont mis que 59; les o m. 299 de Taparura, 28; dans des régions plus arrosées, à Mactar, o m. 49312 viennent en 74 jours; à Sicca, o m. 605 en 95. Et il s'agit d'une année copieuse.

Ainsi déjà, la moyenne reçue étant presque égale à la nôtre, le nombre des jours pluvieux est singulièrement plus réduit. Ce n'est pas tout.

fida, que MM. Mangiavacchi et Coeytaux m'ont communiqués. Toutefois cet ensemble ne peut encore donner de résultats absolus; le nombre des années écoulées et celui des stations où l'observation est continue et régulièrement enregistrée est encore insuffisant; on peut néanmoins en faire son profit, vu qu'il confirme les déductions tirées d'autre part. — 1894. La Régence possède maintenant un réseau météorologique beaucoup plus serré, et où l'observation est très suivie; les tables ont été publiées annuellement, d'abord par le Service des travaux publics, ensuite par celui de l'enseignement.

La distribution de ces jours et du volume d'eau qu'ils apportent est aussi frappante que leur nombre.

Dans le bassin central de la Seine, il tombe une moyenne de 548 millimètres; mais elle est ainsi répartie : en hiver, 21 p. 100; au printemps. 22; en été, 30; en automne, 27. Dans le bassin français de la Méditerranée, la moyenne est de 651; et la répartition : 25 p. 100 en hiver, 24 au printemps, 11 en été et 40 en automne; c'est déjà la sécheresse estivale, mais ce n'est rien auprès de l'Afrique.

J'ai dressé, pour la Tunisie, un tableau qui embrasse cinq ans. Il indique, pour neuf stations, le nombre des jours pluvieux et l'épaisseur de l'eau tombée dans les mois de mai, juin, juillet et août, en regard des totaux des jours et de la pluie dans l'ensemble de la période :

LOCALITÉS.	ANNÉES 1885, 1886, 1887, 1888, 1889.				
	JOURS PLUVIEUX.		ÉPAISSEUR DE PLUIE.		
	Total.	Mois d'été.	Total.	Mois d'été.	Proportion.
			millim.	millim.	
Aïn-Draham..........	718	137	6906,6	874,4	1/8
Souk-el-Djemaa	382	88	3304,0	557,0	1/6
Le Kef	447	87	2582,3	400,1	1/6
Tunis.............	421	36	2270,6	210,0	1/11
Kairouan...........	211	42	1432,9	255,2	1/6
Sousse............	256	24	2166,5	151,5	1/16
Sfaks.............	322	29	1302,1	64,2	1/21
Gabès.	212	19	933,4	47,9	1/19
Gafsa............	224	31	1211,6	188,1	1/7

Les montagnes du Nord y présentent une proportion qui avoisine celle des autres contrées méditerranéennes, de la Provence par exemple. La partie orientale a, pendant les mêmes mois, du cinquième au onzième de ses pluies, suivant les lieux, mais qui ne représentent, à mesure qu'on descend au Sud, que le seizième. le dix-neuvième, le vingt et unième de son eau. Ces mois sont donc presque absolument secs. Souvent deux, parfois trois, se suivent. dans le même district, sans amener fût-ce une averse. Ajoutons que, si avril et septembre sont deux des temps qui fournissent le plus, les pluies d'avril cessent en général avec la première quinzaine, et celles de septembre ne viennent que vers la fin.

Nous sommes donc fondés à conclure que, pendant cinq mois de l'année, dans presque tout le territoire, il ne pleut pour ainsi dire pas. L'année est providentielle s'il tombe quelque chose en mai, aussi en juin; mais de pareilles années sont rares.

La nature du sol influe énergiquement sur le régime hydrographique. Il faut donc en dire deux mots.

La plus grande partie des montagnes tunisiennes est faite de roches incultivables, sauf de la culture forestière. A l'état de nature, la forêt les occupe; soignée, elle s'aménage bien et donne des rendements superbes; détruite, elle se refait mal, parce qu'elle seule retenait les produits du délitement, terre végétale de ces pentes. Dans le Nord, les grès et les marnes supranummulitiques de formation éocène font la grande région forestière, la Khroumirie et les pays voisins. Dans le centre, les calcaires jurassiques, qui forment les monts isolés, Zaghouan, Djouggar, Bou-Kornin, Resas, Djebel-Oust, etc., les calcaires et marnes cénomanniens du crétacé moyen et les poudingues du pliocène lacustre, qui constituent presque tout le massif principal et les reliefs méridionaux, se boisent volontiers. Les calcaires éocènes qui constituent les guelaa et les hammada, ces montagnes à bords abrupts se terminant par une table que l'on rencontre dans le centre et près de la frontière d'Algérie, n'opposent d'obstacle à la mise en valeur que leur extrême escarpement. Enfin, à l'exception des schistes du crétacé inférieur et d'un petit nombre de roches qui ne sont pas très répandues, les terrains crétacés qui composent presque tous les reliefs moindres au centre, au nord, et dans le sud, sont recouverts par la broussaille. Celle-ci envahit tous les endroits montueux si la forêt en est absente et s'il y reste un peu d'humus.

Mais un fait est à signaler. Toutes ces montagnes donnent de l'eau, et la plupart donnent de l'eau douce. Presque aucune n'est construite d'éléments assez compacts ni assez durs pour ne pas absorber le liquide, du moins s'il séjourne un moment et n'est point entraîné sans répit.

Quant aux plaines, qui occupent les trois quarts de la surface de la Régence, elles sont presque entièrement en terrain quaternaire, et leur superficie consiste en alluvions terreuses récentes. Silicoargileux dans le Nord, vallée de la Medjerda, dakhla du cap Bon; sableux dans le Sud, qu'ils couvrent tout entier, d'abord de Kairouan à Gabès, puis dans l'Arad, dans l'île de Djerba, et même dans le Sahara, fond des chotts et bassin de l'Igharghar, ces terrains ne fournissent ni ne conservent l'eau; mais, du moment qu'ils la reçoivent, leur fécondité se développe. Quant au Sahel, il est formé en partie de ce même élément, en partie d'un calcaire argileux d'origine marine et d'âge pliocène, en partie de marnes bleuâtres, mêlées malheureusement de grès, comme elles d'âge miocène; ce pays de l'olivier n'est fertile que par la culture, et, sans l'arrosage, ne vaut rien pour la plupart des autres productions.

Ces conditions géologiques donneraient un beau régime des eaux, si elles se combinaient avec une bonne distribution des pluies.

La végétation spontanée est, dans tous les climats, un agent très puissant. On a donc beaucoup disserté sur son influence en Afrique.

Prises en général, les montagnes africaines sont boisées à l'état de nature; celles qui ne le sont pas l'ont été. Ces terrains inhabiles aux cultures agricoles se vêtent, dans le Nord, de forêts merveilleuses; le chêne zeen (*Quercus Mirbeckii*), le chêne-liège (*Quercus suber*) en sont les essences principales. Les marnes et les schistes des massifs du centre n'ont point ces énormes halliers, touffus et broussseux, d'où s'élance la futaie; mais le chêne-vert (*Quercus ilex*) y pousse volontiers, et presque partout ces roches se couvrent de bois clairsemés, mais très vastes, en pins d'Alep (*Pinus Halepensis*), thuyas (*Callitris quadrivalvis*), genévriers (*Juniperus macrocarpa* et autres) qui atteignent de grosses dimensions.

La véritable livrée de l'Afrique, c'est « la broussaille ». Si les forêts proprement dites n'y tiennent qu'une place restreinte[1], le terrain forestier, la *ghaba* des Arabes, s'y étend presque à l'infini. Partout où une raison quelconque empêche la forêt d'exister, le sol est jonché de fortes touffes d'arbustes qui lui donnent un aspect spécial. Divers pistachiers, parmi eux au premier rang le lentisque (*Pistacia lentiscus*), quelques genêts, l'olivier sauvage (*Olea europæa*), des cytises, des astragales, des myrtes et des philarias, le tout d'es-

---

[1] En 1889, même dans les 810,716 hectares classés, 158,633 sont vides ou seulement embroussaillés.

pèces assez variées, sont le fond de ce peuplement qui, dans l'ouest des Maurétanies, cède une grande place au palmier nain, au *doum* (*Chamærops humilis*), beaucoup plus rare en Tunisie. Cette broussaille tient d'importants espaces, moindres pourtant qu'en Algérie, où elle occupe, dans le Tell, tout ce qui n'est point défriché. D'ailleurs, ainsi que la forêt, elle dépasse peu une certaine limite.

Tous les terrains couverts sont au nord d'une ligne qui, partie de la mi-distance entre Feriana et Tébessa, toucherait la mer sur la côte aux environs d'Enfidaville. C'est-à-dire qu'ils appartiennent aux massifs du littoral nord et au versant nord du plateau central. Au sud de cette démarcation et jusqu'au Sahara, on n'aperçoit plus que deux taches : un large peuplement de gommiers (*Acacia tortilis*), dispersés dans le Bled Thalah, et la forêt de Chebba, au sud de Mahdia; encore celle-ci est-elle faite de lentisques et de philarias qui sont à peine arborescents. Il est à noter que cette ligne sépare grossièrement la Zeugitane et le Byzacium.

Dans celui-ci, les plaines élevées et maigres n'ont pas même de lentisques. Leur arbre est le *methnan* (*Thymelæa hirsuta*), tout juste frutescent, qui revêt le sol à peu près comme un filet habillerait un corps. Les plaines basses et salées ne portent plus que le *guettaf* (*Atriplex halimus*), moins serré et guère plus arbuste, qui s'enfonce jusque dans le Sahara. Les sables enfin, littoraux ou désertiques, ont le *retem* (*Rætama retam*), encore plus humble. Sauf des oliviers isolés et des térébinthes ou pistachiers de l'Atlas (*Pistacia atlantica*), si rares qu'on les met sur nos cartes, il n'y a pas un végétal sur qui l'on ne passe à cheval.

Nulle part, ni au Nord ni au Sud, sauf dans quelques vaux qui inondent, dans certains lits d'oueds, dans les ravins profonds du Sahel algérien, la terre abandonnée ne montre ces vigoureuses poussées d'herbes, ces copieuses foisons d'arbrisseaux qui s'observent dans nos pays; l'arrosage naturel est continu chez nous, et en Afrique, intermittent.

La répartition inégale des pluies donne un intérêt assez grand à l'influence du boisement sur l'humidité relative de l'air. Cette influence, marquée partout, est considérable en Afrique. Un seul exemple suffira. La moyenne psychrométrique de la station d'Aïn-Draham (Khroumirie) a été, sur quatre années (1885-1888), de 76.0 au psychromètre d'August, et celle de Souk-el-Djemaa (ceinture nord du plateau central), de 74.9 ; la différence est donc très faible. L'altitude est presque la même. Or Aïn-Draham a reçu, pendant cette même période, une moyenne de 1 m. 7266 de pluies annuelles, Souk-el-Djemaa seulement o m. 6213. Mais la première de ces localités, d'ailleurs voisine de la mer dont l'autre est à très grande distance, gît en plein milieu des forêts; la seconde est aussi en montagne, mais dans un canton dénudé.

Cette analyse de divers éléments du régime des eaux courantes est nécessaire. Elle permet, à ce point de vue spécial, de partager l'ancienne Afrique, non plus en quatre climats : climat khroumirien, climat des Hauts-Plateaux, climat du Sahel et climat saharien; en trois zones de température : zone littorale, zone intermédiaire, zone saharienne; mais, laissant le Sahara de côté, en deux pays, le Nord-Ouest et le Sud-Est, qui correspondent *grosso modo* à deux grandes divisions antiques. Je leur donne, pour être plus bref, les noms qu'ont portés celles-ci.

Le pays Zeugitan contient le revers nord du massif central, les plaines de la Medjerda, de Tunis, de Mornag, de Zaghouan, la presqu'île du cap Bon, les montagnes septentrionales depuis la Khroumirie jusqu'à Bizerte. Il correspond au Tell de l'Algérie. C'est le pays des pluies, des neiges hivernales, des monts, des forêts et, à l'état de nature, de la broussaille, qui reprend possession des terres que l'on abandonne. Il y tombe en moyenne 720 millimètres d'eau par an, autant que dans l'ouest de la France[1]. Ses eaux vont à la mer par des fleuves permanents, Medjerda, oued Melleg, Siliana, oued Miliane, et par d'innombrables torrents qui coulent une partie de l'année. Ses montagnes arrêtent tous les nuages qui viennent du Nord, et condensent toutes les vapeurs que les courants atmosphériques convoient; quand ceux-ci les ont dépassées, ils sont presque complètement dépouillés de leur humidité, et, rencontrant une haute température, cessent de produire des pluies.

Le pays Byzacénien contient le revers sud du massif central, les hauts plateaux de Feriana, de Sbeitla, les plaines de l'Enfida méridionale, de Kairouan, le Sahel et toute l'étendue vers Gabès et

---

[1] Et dans les pays de montagnes et de forêts, on atteint la moyenne des pays les plus favorisés du monde.

Gafsa. C'est le pays sec. Il n'y tombe pas 300 millimètres d'eau en moyenne[1]; à peine quelques coins de l'Europe sont aussi peu favorisés. Il n'a de froid, de neiges que sur les Hauts-Plateaux; la gelée est rare dans les plaines; la température est plus chaude qu'en Zeugitane, quoique irrégulièrement. Les montagnes, à l'état vierge, ont été certainement boisées; à l'état d'abandon, elles se reboisent peu; de même le sol demeure nu ou se recouvre de pauvres plantes; il est salin en maints endroits, et de vastes sebkhas occupent ses parties basses; mais presque partout il est des plus fertiles pour si peu qu'il soit humecté. Il n'y a presque pas de cours d'eau permanents; les oueds vont quelques jours par an avec abondance et furie, et c'est fini. Leur cours ne gagne pas la mer; ils alimentent les sebkhas et surtout le lac Kelbia, qui ne porte plus que rarement un faible trop-plein jusqu'au golfe.

Tout de suite une réflexion naît. C'est que le pays Zeugitan ressemble au sud de notre Europe : l'Espagne, l'Italie, la France même ont une part de leur territoire soumis aux mêmes conditions. Il fait partie, purement et simplement, de la zone méditerranéenne si parfaitement uniforme. Le pays Byzacénien est autre. Leur vrai caractère commun, c'est que les pluies sont, dans les deux, concentrées sur six ou sept mois et que, le reste de l'année, il ne pleut point ou presque point. L'aménagement de l'eau s'impose dans les deux, mais à des degrés différents. Dans le premier, il sera nécessaire pour une mise en valeur complète; dans le second, il accompagnera toute mise en valeur quelconque. Même si, en effet, elle repose sur une culture qui s'accommode de l'état naturel du pays, l'habitation d'une population dense exigera quelque chose de plus.

§ 2. Dans l'antiquité.

Tous les ouvrages des historiens, des géographes, les textes littéraires qui nous décrivent l'ancienne Afrique sont antérieurs à la période de son plein épanouissement, excepté ceux de la décadence. L'apogée de la colonisation, du peuplement, de la culture, l'habitation complète du sol depuis la côte jusqu'au fond du Sahara par

[1] Certaines parties dépassent à peine 200; nous n'avons de moins arrosé en Europe que les steppes des Kirghiz.

des groupes serrés de gens qui produisaient, se placent vers le
iii° siècle après notre ère. Alors seulement l'occupation est parfaite ;
le *limes,* reculé de proche en proche, a touché partout le désert ;
les postes importants de celui-ci sont gardés jusque dans le Fezzan ;
les voies de son commerce aboutissent dans la zone civilisée ; celle-ci
est en possession de tous ses organes, routes, ports, travaux hydrauliques, édifices ; la campagne est toute remplie. La mise à fruit
est achevée. Rome, héritière de Carthage, a développé pendant plus
de trois siècles l'œuvre agricole des Phéniciens, qui a atteint son
maximum.

Cet état, qui nous est peint au vif par les inscriptions, les
ruines, les pièces juridiques et administratives, les écrivains classiques ne le connaissent pas.

Hérodote montre, naturellement, la Libye du v° siècle. Sa description [1] n'est pas assez prisée ; elle est fort bonne pour les Syrtes
et l'intervalle de l'Égypte aux Chotts. Mais ses renseignements,
d'origine égyptienne au moins autant que cyrénéenne, s'arrêtent
justement au Triton. Au delà, c'est-à-dire pour l'Afrique, il ne
rapporte que des on-dit, heureusement de provenance punique,
par conséquent très pertinents. D'après eux, le pays serait sauvage, très accidenté, très boisé, et on y trouve des peuples séden-
taires et livrés à l'agriculture. A partir de la mer, se comptent trois
régions : la première, habitée ; la seconde, pleine de grands animaux ; la troisième, qui est le désert. On voit tout de suite quel
climat, quel régime des eaux ce boisement fait supposer pour
l'époque punique.

Le Périple dit de Scylax est de confection byzantine, mais il a
pour sources uniques les auteurs du iv° siècle. Il n'entre pas beaucoup dans l'Afrique elle-même. Cependant, après les Lotophages,
dont l'île est manifestement Djerba, il place les Libyens Γύζαντες,
qu'Hérodote appelle de même, et dont le nom doit se lire *Byzantes*[2].
Ce sont les gens du Byzacium, et Hérodote partage le pays entre
eux et les **Ζαύηχες**, qui sont les gens de la Zeugitane. Or le Périple
donne leur territoire comme excellent, très productif ; ils ont abondance de denrées et sont dans l'opulence. Comme c'est surtout la

---

[1] Her., IV, 168-199.
[2] Voir Ch. Tissot, *Prov. rom. d'Afrique,* t. I, p. 439, Steph. Byz., *s. v.*

côte qu'il vise, nous retrouvons le riche Sahel dans cette admirative description.

Ces documents nous reportent au temps de la pleine puissance punique. Ce qu'ils nous disent de la côte orientale concorde avec ce que l'on sait de ses florissants *Emporia*. Ce qu'ils nous disent de l'intérieur peint nettement la Zeugitane, avec ses monts et ses forêts, ses gens tenus au sol et son agriculture : c'est le territoire de Carthage. Enfin le Byzacium lui-même, le lot des Libyphéniciens, nous apparaît déjà, au moins près de la côte, comme terre de grande culture, par conséquent s'aménageant. Des témoignages postérieurs montreront jusqu'où va cet aménagement. Carthage n'occupe point cette partie. Un texte d'Étienne de Byzance, habilement commenté par Tissot[1], apprend que sa frontière, débordant ce qui fut la Zeugitane impériale, empiétait sur le Byzacium, et du côté de l'intérieur. Il est curieux de le noter, c'est justement de ce côté que les deux régions naturelles déterminées par le régime des pluies n'ont pas la même limite que ces deux divisions. Et le domaine de Carthage, qui laisse aux Libyphéniciens, entre lui et les Emporia, un Byzacium de forme ovale, ainsi que le signale Polybe[2], correspondait exactement à la première de nos régions, celle que la nature a le mieux disposée, celle qu'il était tout indiqué d'occuper, de cultiver d'abord. Carthage n'y a pas manqué. Elle en a fait une vaste ferme. Toute la montagne reste en forêts, qu'elle exploite pour ses besoins. Les plaines sont de plus en plus conquises par son agriculture : les indigènes, asservis, y sont fixés au sol, rivés à leur besogne ; là sont ces Μεγάλα πεδία qui comptent tant dans sa richesse. Elle y récolte des céréales ; elle fait des fruits, produit du vin ; plus tard, Annibal lui créera, dans la culture en grand de l'olivier, une nouvelle industrie agricole.

Ainsi, à l'époque punique, rien n'autorise, pour les deux pays, à croire ni à un climat ni à un régime des eaux trop différents de ce que nous voyons. Nous apercevons seulement un boisement plus général, par conséquent une sécheresse moindre.

Ce n'est pas toutefois ce que dirait Salluste. Tout le monde sait

---

[1] Tissot, *op. laud.*, p. 533.
[2] Polyb., *fragm. lib. XII*, ap. Steph. Byz., s. v. Cf. Tissot, *op. laud.*, p. 534.

par cœur sa description de l'Afrique[1]. Elle n'est pas longue : « Campagne fertile en céréales, bonne pour le bétail, inféconde en arbres ; ciel et terre pauvres en eau. » C'est tout.

Ce n'est pas assez. Décrire en deux lignes un pays qui contient pour le moins quatre climats divers et les contrées les plus variées, c'est ne pas vouloir le décrire. Ou les données de l'auteur sont fausses, ou elles ne sont pas vraies partout. Salluste a fait avec César campagne dans le Sahel, dans le bas Byzacium ; il connaît certainement Carthage, où il est venu par les plaines de Zaghouan et de Tunis ; par la vallée de la Medjerda, il a gagné la Numidie, où il a pénétré par les hauts plateaux de Madaure, se dirigeant sur Tébessa. Cette marche est plus que probable : c'est, pour une part, celle de son chef ; pour l'autre, la seule qu'il pût suivre pour prendre possession de son gouvernement. Une fois dans celui-ci, quels voyages a-t-il faits, nous l'ignorons. Mais ce qu'il a connu dès l'abord, *de visu,* en Afrique, nous le savons : c'est justement le pays sec, le pays nu, le bas Byzacium, les hauts plateaux de Numidie ; et si, comme l'a vu Tissot, on restreint à ces terres le tableau qu'il esquisse, ce tableau devient merveilleux, tous les traits sont précis. Il ne serait exagéré que pour les riches plaines du Nord. Le tort de Salluste est de généraliser. Tout ce Tell numidien où dominait de son temps Sittius, tout ce centre montueux au sud du Bagradas, toutes ces montagnes du Nord ne sont pas pauvres d'eaux, et surtout sont tout le contraire d'un *arbore infecundus ager.* Son récit de la guerre contredit la description placée en tête. Il y est souvent question de bois, et l'on ne manque jamais d'eau. Le combat de Muthul se livre pour aller boire dans l'oued Melleg. Il y a là d'ailleurs un croquis de la broussaille pris sur le fait [2] : ce terrain *vestitus oleastro et murtetis aliisque generibus arborum quæ humi arido atque harenoso gignuntur ;* puis cette plaine qui n'a d'autre eau que celle du fleuve, et, près de celui-ci, ces lieux plantés d'arbustes où l'on sème, où l'on tient du bétail. C'est la nature de nos hautes terres avant la colonisation. Chez lui, les Numides sont nomades, font peu de culture, plus d'élevage. Rien n'est encore transformé dans le vieux Byzacium.

Deux fois seulement l'armée romaine a soif. C'est dans la marche

[1] Sall., *Jug.*, 17 : « *Ager frugum fertilis, bonus pecori, arbore infecundus ; cælo terraque penuria aquarum.* »

[2] *Ibid.*, 48.

sur Thala [1] et dans la marche sur Capsa [2]. Encore n'est-ce pas bien terrible, et le ton de l'auteur a-t-il de quoi surprendre. Dans la première, il s'agit de franchir en tout cinquante milles sans eau, pas tout à fait 75 kilomètres : mettons deux étapes. Nous ne savons pas où est Thala. Si c'est la Thala d'aujourd'hui, on se demande par quel côté Metellus se dirigeait vers elle. Malgré l'aspect dur du pays, il est à peu près impossible de l'aborder sans rencontrer de l'eau, et à moins de cinquante milles. En tout cas, les précautions prises assuraient, et au delà, l'approvisionnement; et la grande pluie estivale qui les rendit superflues est un phénomène connu : à Thala même j'en ai vu une, au mois de mai 1886, qui m'a bloqué quarante-huit heures sous ma tente, dont huit sans même oser gagner une maison à 10 mètres de moi; l'eau descendait en nappe, je n'ai plus vu rien de pareil. La marche sur Gafsa est plus compréhensible, et serait la même aujourd'hui. Marius part du fleuve Tanaïs, qui doit être l'oued Fekka, et fait le chemin en trois nuits, évidemment par Sidi Aich. Mais il ne part pas de Kassrin et ne passe pas par Feriana, car là coule la source la plus belle et la plus copieuse de l'Afrique; il vient sans doute par le Nord-Est, par la vallée de l'Oued-el-Hallouf. Il y a un peu d'eau sur la route; seulement elle n'est pas agréable, et ce qui suffit à une caravane, à un voyageur isolé, ne peut abreuver une armée. Mais il convient de rappeler que ces marches ont lieu l'été. Les Romains guerroyaient peu l'hiver; et d'ailleurs, en cette saison, l'Afrique est redoutable : dans les hautes terres, on a la neige; nous y perdîmes une colonne tout entière en 1852; dans les basses terres, on a l'eau, les torrents qui coupent la route, les plaines partout détrempées. C'est dans le Sud uniquement que le voyage est facile, mais à condition qu'on y soit, qu'on n'ait pas à y venir du Nord. Or nous savons que c'est l'été qu'ont pris place ces opérations, et Marius s'attendait parfaitement à ne plus rien trouver : *ager autem aridus et frugum vacuus ea tempestate, nam æstatis extremum erat* [3].

Les renseignements que donne Salluste ont donc besoin d'être interprétés; mais ensuite on n'y découvre rien qui contredise les autres textes ni les faits connus d'autre part. Sa laconique des-

[1] Sall., *Jug.*, 75.
[2] *Ibid.*, 89.
[3] *Ibid.*, 90.

cription ne s'applique, en Algérie qu'aux hauts plateaux orientaux, en Tunisie qu'à la seconde région, aux plaines Byzacéniennes non encore occupées par l'agriculture romaine. Le reste n'est pas visé par lui. L'indigence d'eau qu'il signale dans des pays qui vont être bientôt très peuplés et très cultivés, Byzacium et Numidie, est pour nous un indice précieux. Elle nous montre qu'à l'état brut, ils étaient à peu près ce que nous les voyons. Si cette Afrique lui a paru, comme à nous-mêmes, un pays sec, c'est qu'elle n'était pas alors beaucoup plus mouillée qu'aujourd'hui.

Les autres témoignages d'auteurs n'appellent pas la discussion autant que celui de Salluste[1]. Je résumerai uniquement ce qu'ils disent du régime des eaux.

La Maurétanie, dans Strabon[2], et les pays voisins sont largement arrosés et ont de grandes rivières. L'intérieur manque de pluies. Dans le pays des Massésyles, la partie la mieux arrangée est l'Est; le pays des Massyles (province de Numidie) et le territoire de Carthage sont analogues, contrées fertiles, incomplètement cultivées. « Entre la Gétulie et le littoral sont beaucoup de plaines, beaucoup de montagnes, de grands lacs et des fleuves. » Les côtes et les parties tournées du côté de l'Europe sont des pays heureux, abondants, peuplés; ceux qui manquent d'eau sont vers les Syrtes, les Marmarides et le Catabathme. Ces deux dernières indications conduisant en Tripolitaine, il reste que le pays sec est, pour l'Afrique au temps d'Auguste, la portion qui s'étend au Sud-Est : ce qui concorde encore avec les autres textes.

On ne saurait citer Lucain. Son IXᵉ livre, où il conduit Caton à travers la Tripolitaine, dans un pays alors tout garni d'oasis, est un tissu de fantaisies. Il se plaît à accumuler, avec son enflure habituelle, tout ce qu'il croit le plus frappant. Témoin cette énumération si ridicule des serpents, où toutes les espèces de la terre, légendaires comme réelles, même et surtout celles qui jamais

[1] Polybe, qui, cent ans avant lui, n'a pas moins que lui vu l'Afrique, rabroue énergiquement ceux qui la donnent tout entière comme sèche et infertile. On voit, chez lui, les Carthaginois exploitant les campagnes (I, 72), mais, parmi les indigènes, beaucoup de tribus exclusivement adonnées encore à la vie pastorale (XII, 3).

[2] Strab., XVII, 3.

n'existèrent en Libye, se donnent rendez-vous pour assaillir l'armée romaine. Pour savoir quelle confiance méritent les traits qu'on irait prendre aux poètes latins, et spécialement à celui-ci, on devra relire ce passage. Il n'y a pas de raison de penser qu'à propos du climat, des sables ou des eaux, il soit plus sûr qu'au sujet des reptiles.

Mela peut induire en erreur, car il dit que l'« Afrique » compte plus de déserts et de sables stériles que de terres habitées; mais il l'entend comme partie du monde : son dire est vrai selon les connaissances de son temps. Quant au pays qui nous occupe, il ne parle pas du régime de ses eaux, mais décrit bien les habitants et parfaitement leur genre de vie [1]. Ce qui ressort de ses paroles, c'est que, passé le Tell, la civilisation et l'installation agricole n'avaient que médiocrement progressé; il est contemporain de Claude.

Pline, encore un peu postérieur, n'est pas beaucoup plus explicite. Il dit [2] que, pour aller à la Petite Syrte, on doit se guider sur les astres et qu'on traverse des déserts de sable infestés de serpents. S'il indiquait le point de départ, on pourrait contrôler; mais il ne l'indique pas. Ces détails conviennent assez bien au fond du golfe de Gabès, et à tout le chemin si l'on vient du Sahara; mais si l'on arrive de Carthage, on ne trouve ces solitudes qu'à la fin de l'itinéraire. Néanmoins leur présence concourt à dépeindre le Byzacium comme un pays peu arrosé du ciel. Par contre, Pline insiste fort sur le boisement de l'autre région. Il ne la donne pas comme aussi forestière, aussi fertile en essences précieuses que la Maurétanie; l'Atlas est, pour tous les auteurs, un des grands centres forestiers du monde. Mais il signale les cèdres africains [3] et montre dans plus d'un passage que les arbres ne manquaient pas. Il offre d'ailleurs deux renseignements météorologiques très vrais : c'est que les nuits ont de fortes rosées [4], et que le vent du Sud apporte le beau temps, le vent du Nord-Ouest, les nuages [5].

Avec lui finissent à peu près les descriptions romaines de l'Afrique. Les témoignages incidents des littérateurs, des poètes sont rares et de peu de valeur. Aucun d'entre eux n'est de nature à changer ce que nous savons.

---

[1] Mel., I, 4. — [2] Plin., H. N., V, 4. — [3] Ibid., XV, 3. — [4] Ibid., II, 62. — [5] Ibid., II, 9.

Il faut franchir la grande époque pour trouver le dernier de tous, Corippe. C'est l'âge byzantin, le temps de la décadence : l'Afrique a échappé à l'empire romain, et sa reprise sur les Barbares s'effectue au milieu d'une ruine accélérée par tant de luttes. Le littoral de Byzacène est redevenu un désert; tout le pays est dévasté par la guerre depuis vingt ans; l'abandon le fait redescendre à une pire condition que celle d'où l'avait tiré la culture. On meurt de soif, on meurt de faim [1] dans ces plaines toutes jonchées d'anciens établissements détruits.

Procope nous l'a dit peu avant. Sous ce règne de Justinien, l'Afrique a perdu cinq millions d'habitants : tous ceux qui peuvent fuir, s'en vont; les autres meurent, ou vivent mal dans l'insécurité, et bientôt la misère. Dès le ve siècle, une loi d'Honorius (20 février 422) montrait beaucoup de terres abandonnées. Tissot a commenté cette loi [2]. Bien qu'il se trompe dans ses calculs et dans son interprétation, il a raison de remarquer que ce classement d'immeubles à dégrever, comme désormais improductifs, indique, dès avant cette date, deux fois plus d'espaces inféconds en Byzacène qu'en Zeugitane. Mais comme il estime trop bas la superficie de ces provinces, particulièrement de la première, comme il ne déduit pas les eaux intérieures dont elle est couverte en partie, puisqu'elle renferme les chotts et toutes les sebkhas, il n'a pas raison de conclure que la Byzacène, dès le temps de sa splendeur, présentait à proportion beaucoup plus de terrains délaissés. La vérité, c'est que les évaluations d'Honorius n'embrassent pas tout : ni les immenses forêt de la Proconsulaire, ni les montagnes réellement incultes qui existent dans les deux pays, ni les pâtures des Hauts-Plateaux, ni naturellement les chotts, sebkhas, marais, salines, garaas, lagunes n'entrent en ligne de compte; en un mot, la terre labourée n'y est point mise en proportion avec l'ensemble superficiel. Il est probable, contrairement à l'opinion de Tissot, que la proportion n'était pas si grandement en faveur de la Zeugitane. Ce qui demeure exact, c'est qu'à l'époque vandale et à l'époque byzantine, c'était le Byzacium qui avait le plus pâti. L'illustre auteur croit que le déboisement, le ravinement par les pluies hivernales, la stérilisation des champs par l'altération du

---

[1] Voir tout le livre V de la Johannide.
[2] *Op. laud.*, t. II, p. 250-252.

régime des eaux étaient la cause de ce malheur. Il est certain qu'ils avaient produit là leurs résultats plus rapides, plus funestes; mais ces résultats étaient loin d'avoir une pareille importance. Et eux-mêmes n'étaient que des effets de la cause principale du mal, le dépeuplement par les guerres, la destruction voulue des établissements.

Ce désastre, d'ailleurs, n'était en grande partie que le retour à l'état primitif, très voisin de celui qu'a produit l'abandon, c'est-à-dire de l'état actuel. Les deux moitiés de l'ancienne province, livrées aux jeux de la nature, dépérissaient, mais inégalement, à savoir, dans la proportion où leur situation prospère avait été artificielle.

Dès lors nous sommes ramenés à nos premières constatations. L'Afrique est un pays formé de deux régions. L'une reçoit une masse de pluie qu'on peut qualifier d'abondante, l'autre en reçoit une assez maigre; toutes deux sont mal partagées, parce que toutes deux n'ont rien pendant la moitié de l'année. Les auteurs de l'antiquité nous les donnent à peu près comme telles, c'est-à-dire peu favorablement pourvues d'eau. Cependant ils nous font tous voir la première en culture, les montagnes boisées, les plaines mises en valeur, et la seconde cultivable, bientôt en voie d'installation. Puis les ruines, les traces des anciens nous conduisent beaucoup plus loin : toutes les deux sont aménagées, entièrement mises à fruit. Enfin d'autres textes nous disent que, l'abandon étant venu, l'effort humain ayant faibli et ensuite cessé, la nature a repris son allure rebelle; et c'est une situation tout analogue à la présente que nous voyons poindre, progresser et finalement s'établir. D'ailleurs l'évolution est longue : ce n'est que tout à fait dans l'âge musulman que nous en atteignons le terme, après le vrai suicide agricole des Berbères et le triomphe du nomadisme.

Une seule objection peut se faire. C'est qu'il est une partie de la Libye du Nord où certainement s'est produit, et depuis les temps historiques, un grand changement hydrographique, hygrométrique, météorologique.

Il est tout à fait hors de doute que le sud de cette contrée, le nord du Sahara, a été, au moins en partie, une région très mouillée, pleine de marécages et, naturellement, de grands végétaux. Cette humidité s'étendait sur les espaces contigus. La cuvette des Chotts, que les textes ne nomment jamais que *paludes*, ἕλη; les fonds, également trempés, des plateaux les moins élevés; le bassin de ce Nil, de ce Niger, de ce fleuve vague que les auteurs anciens entrevoient presque tous derrière la Berbérie; la dépression qui existe en effet au pied de l'Atlas saharien; les vallées, encore imprégnées, du Djebel Amour, de l'Atlas marocain; les longs thalwegs de l'Igharghar, de l'Oued Mia, de l'Oued Ghir, de l'Oued Djedi, ceux de l'Oued Draa, de l'Oued Guir et de l'Oued Zousfana, qui d'Igli à Figuig est encore un marais : tout cela fut jadis une espèce de jungle, reliée ou non aux forêts du Nord. Suetonius Paullinus l'a rencontrée côtoyant le hideux désert, et trouvée pleine d'éléphants, en l'an 40 de notre ère [1]. Hannon avait vu, quatre cents ans plus tôt, la côte ouest du Sahara riche en herbes et en bêtes; et Sala était, suivant Pline, incommodée par les troupes d'éléphants. La présence de ces animaux [2] est la preuve d'un état d'humidité et d'une végétation intenses. Ce n'a jamais été, dans les temps historiques, parmi les forêts montagneuses, glaciales six mois par an, du Tell, que ce pachyderme a pu vivre. Nous lisons que, pour s'en emparer, on faisait des expéditions, ces lointains voyages de chasse qui amusaient le roi Juba et lui donnaient lieu d'étudier la topographie et la flore de régions presque ignorées. Sauf une colonie perdue au pied du Rif, sur l'oued Sebou et la Moulouia, l'éléphant des Romains est une bête gétule. Il était là en compagnie de toute une faune disparue, qu'énumère plus d'un auteur : on y trouve d'énormes serpents, on y trouve le βούϐαλος, sans doute le bubale (*Acronotus bubbalis*) ou le canna (*Strepsiceros capensis*) plutôt que le bœuf du Cap (*Bubalus cafer*), le crocodile, l'autruche, le gnou, et peut-être encore la girafe. Il n'est pas difficile de voir que c'est la faune du Soudan actuel. Bien plus, l'homme du Soudan en faisait lui-même partie : le noir était encore en vue de l'horizon méditerranéen. De grands dessins rupestres, sur les rochers du Sud, figurent cette création aujourd'hui reléguée loin derrière le Sahara. Celui-ci donc, à l'époque légendaire où Carthage naquit et grandit, a ressemblé, dans sa portion nord, à l'Afrique équatoriale. De puissants fleuves y ont coulé, des forêts ont rempli

[1] Plin., *H. N.*, V, 1.

[2] On peut, quant à présent, renvoyer au t. I de Tissot, p. 363-373, pour la question de l'éléphant en Afrique, son habitat dans le pays, et pour les textes qui le mentionnent.

ses creux, des marécages ont entouré les nappes salines qui le
parsèment; ses plateaux, plus ou moins arrosés, ont présenté des
pâturages; le tout par places et coupé de déserts qui occupaient
les parties hautes.

Comment s'est faite la transformation? Comment la sécheresse
a-t-elle triomphé, la flore disparu, la faune émigré vers le Sud?
C'est ce que nous ne saurions dire. Mais il en a été ainsi. L'éléphant est demeuré bloqué, pour une raison ou pour une autre, et
a survécu quelques siècles aux espèces ses concitoyennes. Car il
n'est plus question, au moins d'une manière sûre, de la présence
constatée du crocodile, du gnou, de la girafe, passé une certaine
époque. Lui-même, très évidemment, va s'éteignant depuis l'âge
punique. Au moment où l'Afrique du Nord est entièrement colonisée,
l'agriculture, quand elle vient buter contre le Sahara, s'y heurte
bien à un désert. Elle le voit tout du long devenu ce qu'il n'était que
partiellement aux premiers temps de notre ère, alors que ses Pha-
rusiens traversaient, à leur choix, soit les parties arides en emportant leurs outres liées sous le ventre de leurs chevaux, soit
d'infinis marécages et des lacs, selon qu'ils avaient à se rendre
en Numidie ou en Tripolitaine, ainsi que l'atteste Strabon [1]. Les
colons le découvrent tel qu'il est aujourd'hui, en meilleur état
toutefois, bien plus riche de sources, de puits et d'oasis : celles-ci
se touchent en certains lieux, en tout cas s'aperçoivent l'une l'autre.
Mais même ses vallées sont devenues arides, hors le moment des
rares crues; nous surprendrons un peu plus loin les cultivateurs y
créant les mêmes travaux hydrauliques qu'ils exécutent dans le
Byzacium. Un fait d'ailleurs bien saisissant montre quelle fut, dans
ces quatre ou cinq siècles, la profondeur de la métamorphose. Il
n'a pas fallu plus longtemps pour que ce pays de l'éléphant devînt le pays du chameau. Cette antithèse zoologique en apprend
plus que tous les textes.

Je me hâte d'ajouter que cet état ancien d'une portion des
plateaux et de la zone saharienne n'a pas pu influer beaucoup
sur les pays ouverts à la culture. Le Byzacium méridional, la Numidie ont pu avoir, dans les cuvettes qu'ils présentent, des halliers fangeux; mais leurs montagnes ou leurs collines n'ont pas,
géologiquement, changé. Elles n'ont donc pu porter d'autre boise-

[1] Strab., l. c.

ment que celui qui s'y met encore, c'est-à-dire des bouquets de gommiers, de genévriers, de thuyas, des cèdres sur le revers sud, des chênes tout au plus sur leurs pentes nord, des pistachiers, des térébinthes, de la broussaille un peu partout; l'altitude d'ailleurs l'impose. Ce sont donc des couverts de plaine que contenait surtout cette seconde région : la suppression de tels foyers de fièvre, de tels repaires d'animaux dangereux n'a jamais pu être qu'un bien; elle a même dû, nous le dirons, être en partie le fait des colons mêmes. L'erreur n'a commencé que quand les peuplements de montagne, vêtement protecteur des terres maigres et froides, ont été attaqués, brûlés et, depuis lors, mangés par le bétail errant. Quant au Sahara, ses portions basses, si pleines d'eau qu'on les suppose, ne pouvaient avoir d'action sur les contrées qui nous occupent et qui sont beaucoup au-dessus. Des monts élevés le séparent de celles-ci; c'est lui qui reçoit d'elles les eaux par les coupures de ces chaînes; les vapeurs qu'il pouvait fournir n'eussent pas franchi une telle barrière, et c'est à lui que devait revenir le tribut des pluies obtenues. Dans tous les cas, l'état d'humidité remonte à des **temps** éloignés. Il disparaissait vers les siècles où la conquête agricole des autres régions débuta. Il n'existait plus au moment où elle se trouva complétée. Il n'a pu influer en rien sur l'hydrographie de l'Afrique romaine. C'est tout ce qu'il nous faut savoir.

Concluons donc que, dans cette province, ce ne sont point des causes naturelles qui ont modifié le régime des eaux. Amené à force de peines à une condition favorable, il y fut maintenu **tant** que ces soins durèrent. La prospérité de l'Afrique ne fut pas une question de météorologie, elle était le prix du travail.

Les auteurs grecs parlent de siècles antérieurs à cet apogée; les latins, d'âges où l'on marche vers lui; les byzantins, du temps où il n'est plus; et les écrivains musulmans, d'époques où les beaux débris qui subsistaient encore périssent. On voit la ruine commencer, se poursuivre, et l'état actuel des campagnes nous la présente consommée.

Quant à la période de vie, les monuments seuls la font voir.

II

AMÉNAGEMENT DE L'EAU COURANTE DANS L'ENFIDA.

L'Enfida est un grand domaine, situé entre les pentes Est des monts Zaghouan et Djouggar et la mer, sur le rivage oriental. Il est placé à la limite du Byzacium et de la Zeugitane ; cette limite le traverse. Comme il a 120,000 hectares, il présente des terrains divers : montagnes, forêts, broussailles, plaines, lagunes, sebkhas, tout s'y trouve. Des oueds serpentent à l'intérieur ; quelques-uns y ont tout leur cours. Ç'a été, aux époques antiques, une grande terre d'agriculture ; de nombreuses villes y ont laissé leurs ruines : Lamniana, Aphrodisium, Uppenna, Aggersel, Botria, Mediccera, Bibae, Cubin, Orbita, et plusieurs, dont nous ne savons pas les noms ; les Horrea Caelia (Hergla) sont sur le littoral ; à la lisière s'élevaient Pudput, Segermes, Thaca, Menephese, Ulisippira et bien d'autres. Son chef lieu, le Dar-el-Bey, maintenant appelé Enfidaville, est à égale distance d'Hadrumète (Sousse) et du *Mons Ziquensis* (Zaghouan). Climat, sol, régime des eaux participent des deux régions. Les montagnes sont de la première, les plaines plutôt de la seconde. Il y en a deux : celle de Bou-Ficha et Dar-el-Bey, tributaire de la sebkha de Sidi Khalifa et de la mer ; celle d'El-Menzel, tributaire du lac Kelbia, et partie du bassin de la plaine de Kairouan. Ce pays représente à souhait la moyenne de l'Afrique ancienne au point de vue de l'exploitation.

C'est lui que j'ai pris pour exemple de l'aménagement des eaux. Il serait toutefois long et fastidieux de décrire tous les vestiges qu'une pareille étendue renferme. De même que l'Afrique entière, et toute la Numidie et les Maurétanies sont garnies comme l'Enfida d'ouvrages hydrauliques, de même l'Enfida en a sur tous les points. J'en ai choisi un petit nombre pour les présenter en détail. Isolant les divers problèmes que rencontraient les cultivateurs, j'exposerai pour chacun d'eux un spécimen de solution. Dix ans, maintenant révolus, de courses et d'observation dans nos provinces africaines me permettent de garantir que ces spécimens sont des types, et non des cas particuliers. D'ailleurs je montrerai plus loin qu'on a signalé leurs semblables ; ce qui demeure à faire, c'est de mettre en lumière le système général et ses lois.

Pour rendre mon exemple clair, je dois esquisser en deux mots la figure de l'Enfida.

Ce domaine contient presque tout le versant Est du massif du Zaghouan, avec les contreforts ou groupes secondaires qui sont entre lui et la mer. Au pied de ces montagnes, la plaine varie de largeur : dix kilomètres vers Bou-Ficha, puis deux, cinq ou six vers El-Khley. Elle n'atteint pas le rivage. Celui-ci est bordé d'un cordon littoral et côtoyé par une longue lagune, la sebkha de Sidi Khalifa, en partie desséchée l'été. La sebkha Djeriba s'aboute à la première ; elle est rendue plus large par une garaa, et, l'hiver, elle fait de Hergla une île. La plaine longe cette nappe jusqu'au sud, coupée en deux après El-Khley par un très faible renflement, qui détermine deux bassins : d'abord celui de l'oued Bou-Ficha ou oued Remel, grande rivière qui contourne le Zaghouan par le nord ; puis celui de l'oued Boul qui vient du Zaghouan par le sud, et qui reçoit dans l'Enfida l'oued Mousa et l'oued Brek ; entre les deux sont les petits oueds Sidi Khalifa, Kastela et autres. Le terrain tributaire de ces lits forme la plaine de Dar-el-Bey, dont la garaa envahit toute la portion orientale, jusque tout près du chef-lieu du domaine. Enfin, vers le lac Kelbia, s'étend la plaine d'El-Menzel, dont la partie supérieure est sèche, la partie basse est garnie d'une sebkha. L'Enfida est, de ce côté, bornée par une ligne de rochers que l'on appelle les Souatir, par le lac et par le Menfes, ancien émissaire, dont le rôle serait de verser le Kelbia dans la lagune ; mais ce rôle, il ne s'en acquitte pas.

Aucune des rivières de l'Enfida n'est, à vrai dire, au sens européen du mot, permanente. Tout au plus l'oued Bou-Ficha a-t-il toujours quelque peu d'eau entre les pierres de son lit. Les autres coulent en temps de crue. Seul l'oued Boul montre un petit filet sur une section de son cours, grâce à une source qui y naît.

Dans sa portion montagneuse, à l'ouest, l'Enfida est semblable au nord de la Régence, à la ceinture méridionale du bassin de la Medjerda. Sa plaine septentrionale, celle de Bou-Ficha, rappelle la plaine de Zaghouan et autres de la Zeugitane : il est rare qu'elle manque d'eau. Sa plaine méridionale, celle d'El-Menzel, rappelle la plaine de Kairouan et autres du Byzacium : il y pleut moins que dans le reste. Sa plaine centrale, celle de Dar-el-Bey, a tout à fait le climat du Sahel, celui de Hergla, sa voisine : la Société

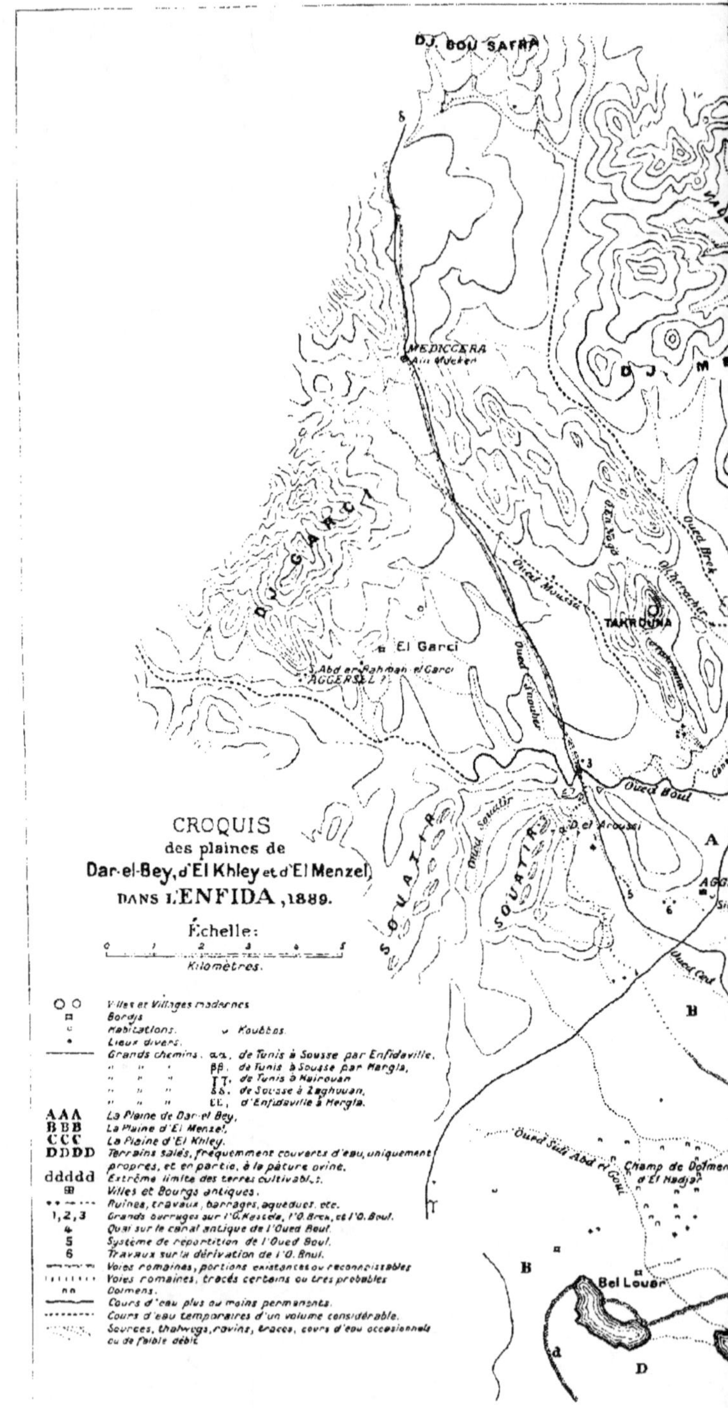

DJ. BOU SAFRA
MEDICCERA
Aïn Mucker
DJ. M E
DJ GARCI
TAKROUNA
El Garci
S. Abd er Rahman el Garci
AGGERSEL ?
Oued Moussa
Oued En Naga
Oued Brek
Oued Snuiba
SOUATIR
Oued Souatir
D. el Aroussi
Oued Boul
A
AGGE
Sidi
B
CROQUIS
des plaines de
Dar-el-Bey, d'El Khley et d'El Menzel
DANS L'ENFIDA, 1889.
Échelle:
0   1   2   3   4   5
Kilomètres.
Villes et Villages modernes
Bordjs
Habitations.   Koubbas.
Lieux divers.
Grands chemins. αα, de Tunis à Sousse par Enfidaville.
   "   "   " ββ, de Tunis à Sousse par Margia,
   "   "   " γγ, de Tunis à Kairouan
   "   "   " δδ, de Sousse à Zaghouan,
   "   "   " εε, d'Enfidaville à Margia.
AAA   La Plaine de Dar-el Bey,
BBB   La Plaine d'El Menzel,
CCC   La Plaine d'El Khley.
DDDD Terrains salés, fréquemment couverts d'eau, uniquement
      propres, et en partie, à la pâture ovine.
ddddd Extrême limite des terres cultivables.
      Villes et Bourgs antiques.
      Ruines, travaux, barrages, aqueducs, etc.
1,2,3 Grands barrages sur l'O. Kestel, l'O. Brek, et l'O. Boul.
4   Quai sur le canal antique de l'Oued Boul.
5   Système de répartition de l'Oued Boul.
6   Travaux sur la dérivation de l'O. Boul.
      Voies romaines, portions existantes ou reconnaissables
      Voies romaines, tracés certains ou très probables
      Dolmens.
      Cours d'eau plus ou moins permanents.
      Cours d'eau temporaires d'un volume considérable.
      Sources, thalwegs, ravins, traces, cours d'eau occasionnels
      ou de faible débit
Oued Sidi Abd el Goul
Champ de Dolmens
d'El Hadja
B
D
Bel Louar
Oued Ced

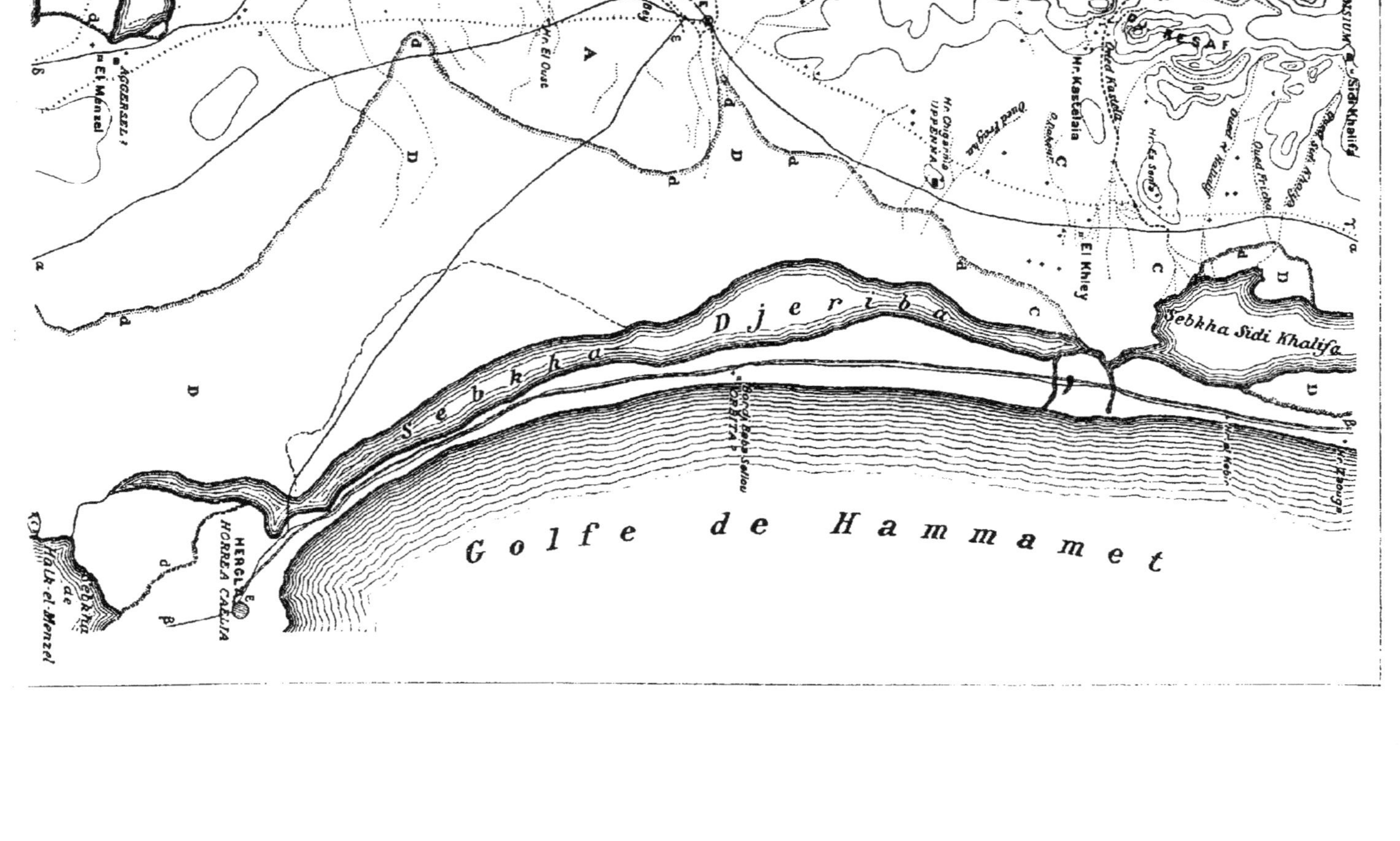
HADRUMETUM
Sidi Khalifa
KESAF
Oued Sidi Khalifa
Oued Fricha
Oued n Naliaïj
Oued Kastela
Hr. Kastelaia
O. Rohou
Hr. Es Senia
Hr. Chigarnia
UPPENNA
El Khley
Sebkha Sidi Khalifa
Dar el Kebir
Hr. Zaouga
Hr. El Oust
AGGERSEL?
El Menzel
Sebkha
de
Halk-el-Menzel
HERGLA
HORREA CAELIA
Sebkha   Djeriba
Bordj Baba Seliou
ORBITA
Golfe   de   Hammamet

franco-africaine, propriétaire du domaine, y fait du pâturage, du vin, des céréales; on y pourrait cultiver l'olivier aussi bien qu'à Hammamet, à Nebel, à Hergla et à Sousse.

§ I. Barrage et distribution de l'oued Kastela.

L'oued Kastela traverse trois régions, dans son cours de quinze kilomètres : une vallée demi-annulaire, Mornissine; le plateau ondulé de Kastelaia, et la plaine basse d'El-Khley. Ces deux dernières, séparées de l'autre par de fortes collines qui l'enferment, communiquent avec elle par un pertuis unique, la gorge de Kastelaia. Et ainsi l'oued a deux bassins : un d'alimentation, un d'expansion. Le travail des anciens avait fait un bassin de distribution du plateau vallonné qui sépare la plaine basse des collines.

De la gorge de Kastelaia, l'oued, actuellement, marche de l'ouest à l'est; au delà d'El-Khley, ses eaux finissent à la sebkha de Sidi-Khalifa. Son cours est contourné, et son lit extrêmement creux. Il fend des terrains d'alluvions superposées, d'une finesse remarquable et d'une très grande épaisseur. Il y ouvre une tranchée à pic qui a parfois dix mètres de haut, et à laquelle viennent aboutir d'autres excavations, tant vieilles que récentes; chaque jour en produit de nouvelles.

Cette puissance des érosions n'est point due à la pente du sol, d'abord médiocre et enfin presque nulle. Elle a pour cause sa nature, la ténuité de ses matériaux, le peu de dureté de leur masse. Ces terres de transport étalées cèdent sous un tout petit courant. Au point où celui-ci aborde une coupure antérieure profonde, il abat une tranche de la berge verticale. Lorsque les pluies qui l'ont créé s'arrêtent, il cesse d'exister. Tous les oueds, même les grands, sont dans ce cas, même les collecteurs, sauf quelques-uns à peine. En temps ordinaire, leur place n'est qu'un ravin plus ou moins accentué où l'on ne voit trace d'une rivière. Tout au plus celle-ci glisse-t-elle, par infiltration, dans le sable ou sous les galets. Souvent un oued permanent n'a de l'eau qu'en certaines parties, vraies flaques sans cours apparent, dont la jonction est invisible. Quant aux autres, ce sont seulement les thalwegs des vallons secondaires, les lignes que suit le liquide lorsque, tombant des pentes, il se rassemble pour couler. Ces lits, souvent imperceptibles, tant ils s'enfoncent peu dans le sol, ne charrient qu'un faible volume, lorsque les pluies le leur amènent. Mais cela suffit pour arracher des cubes énormes de matière aux rives de leur collecteur. La masse de terre culbutée se détermine, non par la force du courant, mais par la hauteur de ces falaises. Chaque fois qu'une pluie suffisante vient faire renaître le ruisseau, celui-ci renverse une tranche. De là des conséquences curieuses. Si la largeur des petits oueds, par exemple, est en rapport avec le volume d'eau qu'ils entraînent par accès, leur profondeur, en revanche, est celle du collecteur. La tranche qu'ils démolissent chaque fois correspond à peu près à toute l'élévation de la berge de celui-ci. Cette action fait que le ravin recule à chaque coup vers l'amont. On trouve partout ces oueds étranges, thalwegs presque invisibles entre deux vallonnements, qui tout de suite, par un saut vertical, atteignent un niveau très bas : effet de ce cours intermittent sur des terres sans cohésion.

Gros et petits, tous se ressemblent. Cependant les plus grands, les artères, ceux qui débitent plus fréquemment et plus abondamment, ont un tracé plus long, plus sinueux. Alors ils tendent à s'élargir, suivant les lois ordinaires des torrents, par la destruction des tournants de leurs bords. Mais là encore leur lit n'est pas proportionnel à leur masse, même durant les plus puissantes crues : ils n'en occupent que le fond, jusqu'au moment où, dans la plaine basse, ce lit lui-même disparaît, et ils s'étalent parmi les sables qu'ils bouleversent en y vagabondant.

L'érosion règne donc en maîtresse dans ces terrains. C'est elle qui y amena l'afflux des matériaux arrachés aux collines, aux montagnes ; c'est elle qui remanie ensuite cette campagne qu'elle a créée ; c'est elle enfin qui, au bout du parcours, quand la pente cesse à peu près, obstrue le chemin de ces oueds et les répand sur le pays. Quelques hectares sont perdus chaque année par tous ces jeux d'une même force. Le système des barrages antiques avait autant pour but d'arrêter leurs effets que d'irriguer les terres de culture.

Les plaines où va l'oued Kastela ont tout au plus 2,000 hectares. Quant au bassin supérieur, il en a 1,500 de vallées, et plus sans doute en crêtes et hauts versants, peut-être en tout 3,500 hectares.

Ce bassin d'alimentation se compose uniquement d'une vallée presque circulaire entourant le djebel Sidi-Abid : c'est la vallée de Mornissine. Une chaîne de collines la sépare des coteaux de Kastelaia et de la plaine d'El-Khley, et tous les cols y sont trop hauts pour qu'aucun ruisseau les franchisse. Plusieurs sources abondantes, parmi lesquelles l'Aïn-el-Kahia et l'Aïn Brechni, descendant des flancs abrupts du djebel Sidi Abid et coulant vers Kastelaia, avaient dû déterminer la direction du collecteur sur ce point; il s'y ouvrit une gorge entre les deux cimes appelées Djebel Resaf et Djebel Mengoub.

C'est là que les anciens placèrent le barrage de l'oued Kastela.

C'est un très bel ouvrage, extrêmement ruiné, mais dont il reste assez pour qu'on puisse reconnaître ce qu'il fut et à quoi il servait.

Il était composé d'un fort mur, au point le plus étroit de la gorge, servant de revêtement à une grosse levée en terre, qui subsiste encore partout où lui-même n'a pas disparu. Sa hauteur était de 6 à 8 mètres; l'épaisseur de sa maçonnerie, de 1 m. 50 au

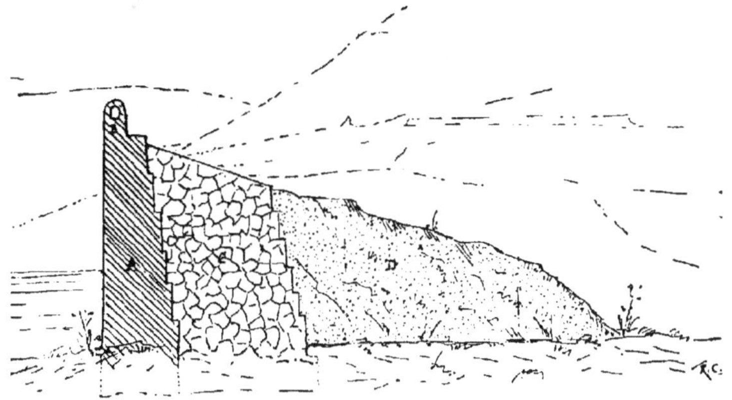

OUED KASTELA. — Coupe du massif du barrage surmonté de l'aqueduc,
prise entre deux contreforts :

A, le mur du barrage; B, l'aqueduc; C, l'un des contreforts;
D, banquette en terre rapportée, coupe à o m. 10 en arrière du contrefort.

sommet, atteignait 3 mètres à la base. Des contreforts de 5 mètres d'épaisseur sur 1 m. 90 de large l'épaulaient en aval. En amont, sur la berge gauche, des remplissages en blocage comblaient les interstices des rochers et le prolongeaient.

Malheureusement, sa partie de droite a presque entièrement

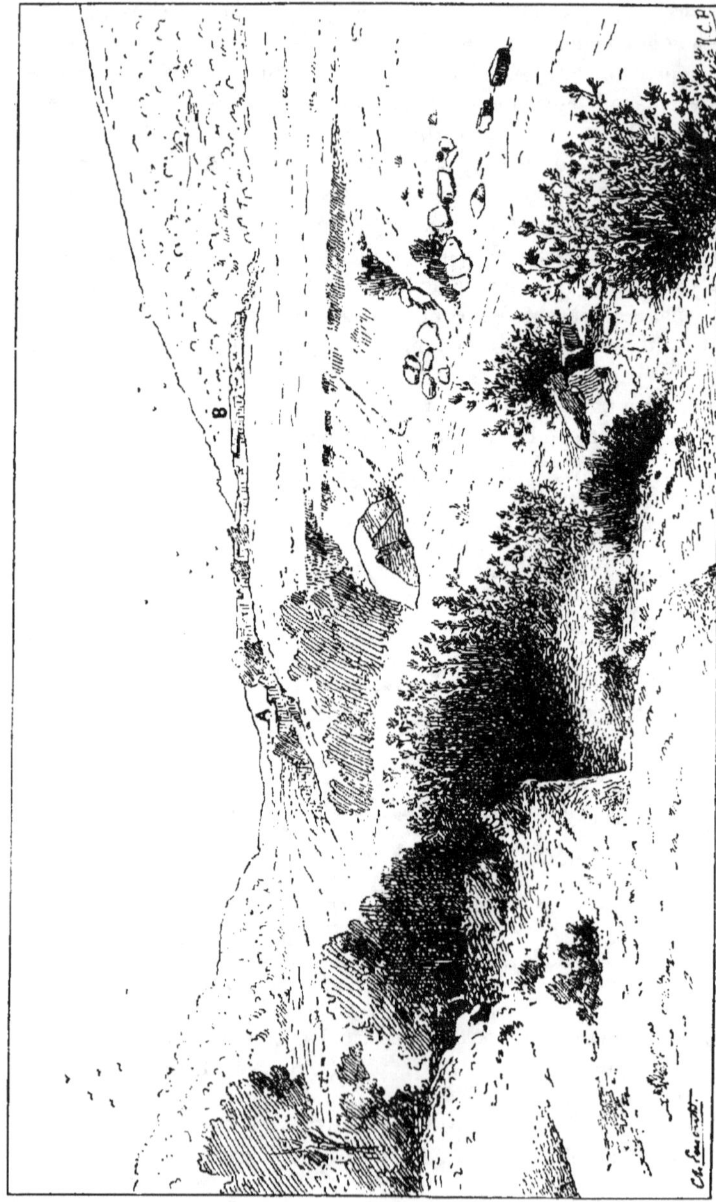

Oued Kastela. — Vue du déversoir de rive gauche : A, le barrage; B, le déversoir.

disparu ; les vestiges mêmes, sauf un reste insignifiant, sont emportés, ou cachés par de très gros éboulements partis des flancs de
la montagne et qui augmentent chaque hiver.

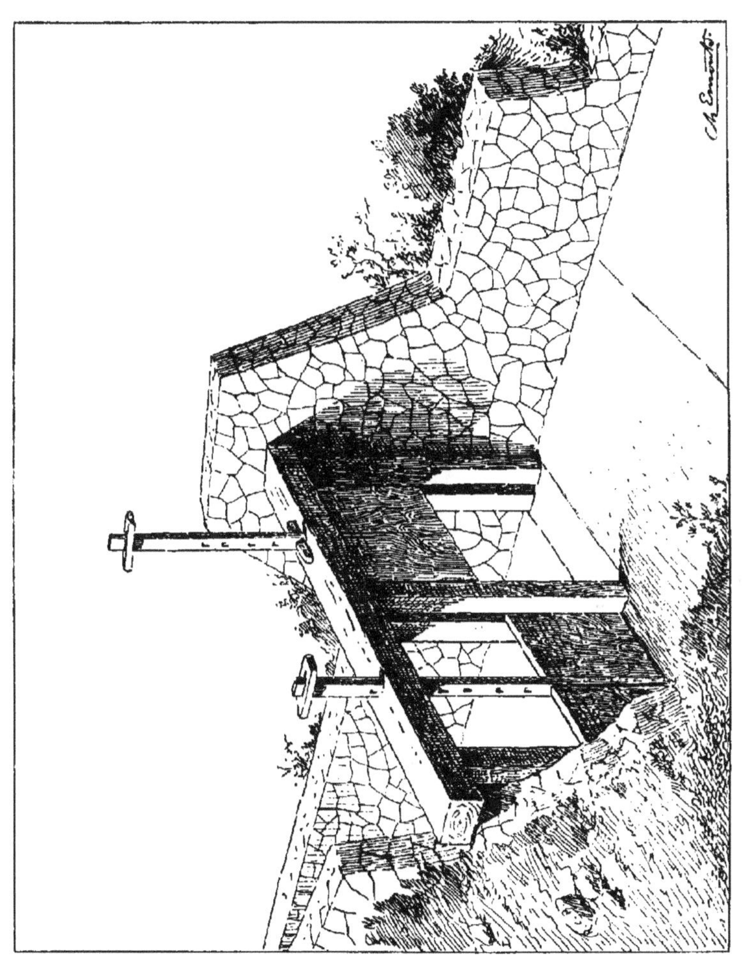

OUED KASTELA. — Restitution d'une martellière à double empellement; le radier, le seuil, les pieds-droits et les racines des murs subsistent.

Tel était le nœud du système. Voici ce qui s'y rattachait.

Sur ce barrage passait un aqueduc portant les eaux d'une des
sources. Cet aqueduc était formé par un mur plein, de o m. 90.

d'épaisseur, portant un *specus* voûté de o m. 55 sur o m. 5o. Une grande partie en est encore intacte. L'eau a dû y courir long-temps, car elle a laissé dans le chéneau des dépôts de o m. 12 sur le fond et de o m. o6 contre les parois. Cet ouvrage venait ainsi former la crête du barrage même, qu'il complétait et qu'il exhaus-sait sur les deux rives de la gorge.

Lorsque l'eau atteignait un niveau de 6 à 7 mètres au-dessus du thalweg actuel [1], elle s'écoulait par trois voûtes ouvertes au-dessous du *specus* sur la rive gauche où leurs restes se voient. Ce qu'il y a eu à droite a disparu, toute la berge étant éboulée sur une très grande longueur.

Quoi qu'il en soit, sur chaque rive un passage existait, qui confiait le liquide, sur rive gauche, à un déversoir prolongeant la branche de l'ouvrage initial, sur rive droite, à une espèce de canal.

Le bras de gauche, qui a dû être d'une hauteur de 1 m. 5o, court au-dessus de l'oued pendant 177 mètres. Là il commence à distribuer. Une martellière à deux empellements, dont les trois pieds-droits monolithes existent encore, mais abattus, versait sur un plan incliné empierré, encore subsistant.

Il est donc évident que de là filaient au moins deux bras nou-veaux. Celui de gauche gardait une part du débit dans les ter-rains supérieurs; celui de droite, dont la maçonnerie se voit encore au point de départ, maintenait sur son flanc gauche les eaux émises par les deux vannes [2].

Le terrain au-dessus de celles-ci formait un bassin naturel, limité par les rochers du Resaf et fermé sans nul doute au nord, où la pression était médiocre, par une levée de terre. Il suffisait

[1] Il y a toujours intérêt à maintenir le plus longtemps possible dans le haut d'une vallée ou dans la gorge de celle-ci, au-dessus de la plaine, une nappe d'eau assez épaisse; elle produit, en effet, des infiltrations dont profitent les sources et l'humidité générale des terrains dans toute la partie inférieure. C'est ce qui explique probablement, en partie, pourquoi les anciens ont souvent af-fronté, comme on va le remarquer dans le cas présent, le danger qu'il y a à placer le barrage dans l'étranglement même : c'est que les portions de la ceinture qui l'avoisinent, étant toujours moins étanches que le mur, deviennent dans une certaine mesure un réservoir d'eaux souterraines.

[2] La vanne des canaux et des barrages africains est la vanne romaine. Ce qui le montre, c'est qu'elle est demeurée en usage en Italie, avec ses empelle-ments en chêne, ses pieds-droits en pierre et ses perrés ou radiers d'amont et d'aval en libages ou en cailloutis. Les dimensions mêmes, pour les petits ou-vrages, sont à peu près celles de nos travaux romains.

que celle-ci possédât une simple ouverture, munie ou non d'une vanne en bois, mais placée au point convenable, pour prélever, sans travail ni danger, l'eau nécessaire à irriguer les parties élevées de la plaine. Pour cela, un ouvrage en terre, dont les vestiges se voient en plusieurs lieux, et qui servait peut-être bien de cavalier à une large rigole, courait à flanc de coteau vers le nord, envoyant les eaux passer au pied d'un mamelon distant de 2 kilomètres, où sont les ruines d'une bourgade.

Il est clair que les constructeurs n'avaient pas fait de frais inutiles; les maçonneries que nous voyons sont seulement les racines sur lesquelles s'appuyait le système, les parties moins obligées à

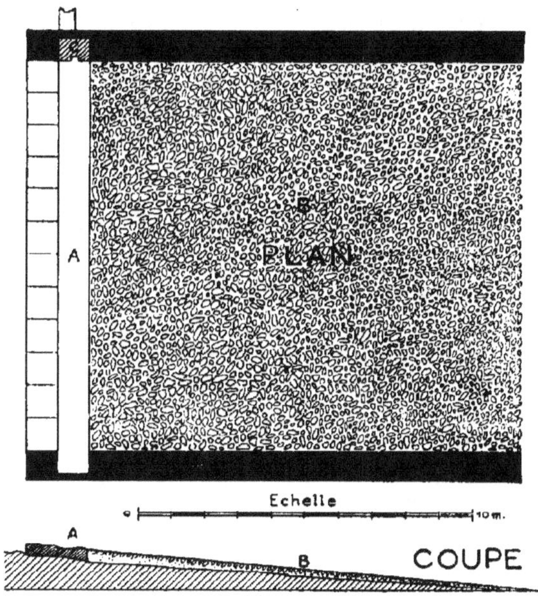

Oued Kasiela. — Restes d'une martellière :
A, seuil; B, plan incliné empierré;
C, portion d'un des pieds-droits encore en place.

une grande solidité étant faites de préférence en terre, bois, fascinage, cailloutis, qui ont maintenant disparu.

Aussi la branche partie de la culée gauche de la martellière ne se voit-elle bien qu'un moment. Pourtant, à 235 mètres, il semble que l'on trouve un morceau de son mur se prolongeant vers le nord-est, et les jambages d'une autre martellière, qu'on voit dans cette direction à 800 mètres environ, paraissent bien lui appartenir.

Quant au bras le plus voisin de l'oued, il se reconnaît plus ou moins sur 1.800 mètres de longueur, et une troisième martellière, dont les jambages s'élèvent encore en place, montre le point où l'eau était enfin émise, où les ouvrages de ce genre cessaient.

Après eux venaient les canaux simples. J'ai placé sur ma carte, dans la plaine inférieure, tous les tracés qui ont été relevés par la Société franco-africaine, d'après un nivellement des environs d'El-Khley et un projet de rétablissement de ces irrigations qu'elle fit dresser. Il est probable que la distinction établie alors parmi ces différents lits, entre les cours naturels et les canaux anciens, n'est pas tout à fait sûre, et que plusieurs de ces derniers ne datent que de l'époque arabe, avant que l'Enfida tombât dans l'abandon. C'est en effet surtout après la ruine du barrage que l'oued, dans ses crues, put apporter en bas une assez grosse masse d'eau pour qu'il devînt urgent de la diviser et utile de la répartir dans toute cette plaine d'El-Khley.

Mais, dès l'origine et dans la proportion alors requise, le principe était appliqué.

Amenée au terme, l'eau s'étalait, la pente était très faible ; c'était un voile liquide d'une fort petite épaisseur ; on dirigeait l'écoulement par des levées faites à la pelle, puis défaites, selon les besoins. Il suffisait d'un cordon de sable de quelques centimètres de haut.

Tel était le système de rive gauche.

Sur la rive droite, au flanc du mont dont la pente est rapide et courte, courait l'aqueduc. A 200 mètres du barrage, il bifurquait. Une branche allait, à travers une plaine, gagner deux grands établissements qui sont situés vers le sud-est, et peut-être même Uppenna. Une autre, presque à angle droit, se dirigeait vers l'Henchir Kastelaia, dont les ruines couvrent un tertre au-dessus de l'oued actuel. Elle passait près de son cimetière, arrivait à une construction qui devait être une fontaine, alimentait peut-être des bassins et finissait dans les citernes de cette grande habitation.

OUED KASTELA. — Vue du déversoir de rive droite : A, la gorge et l'oued ; B, le déversoir ;
C, la décharge ; D, l'aqueduc à flanc de coteau.

Le mur qui prolonge le barrage passait au-dessous de l'aqueduc, à 35 mètres de distance des portions qui en subsistent. Plus puissant que celui de gauche, il se composait d'une maçonnerie de 1 m. 90 d'épaisseur et haute d'au moins 2 mètres. Des contreforts très rapprochés et épais de 1 mètre le soutenaient. Comme il est à un niveau moins élevé que le bras de rive gauche, il ne pouvait évidemment fonctionner contemporainement ; l'étroitesse de l'espace entre lui et la pente abrupte fait qu'il n'était guère qu'un canal.

Sa fonction était différente. Il se dirigeait en effet vers l'Henchir Kastelaia, mais en se courbant doucement. On ne voit plus sa maçonnerie, et peut-être bien cessait-elle à une maisonnette construite au bout de l'ouvrage subsistant, et dont on retrouve le plan. Mais sa direction est donnée par un renflement du terrain, et une levée pouvait suffire pour pousser tranquillement les eaux dans la plaine méridionale par-dessus le petit col qui joint la butte d'Henchir Kastelaia à la montagne où passe l'aqueduc. Le lit qu'elles suivaient a beau être comblé, une légère dépression en indique la place. Filant non loin de l'Henchir Kastelaia, il s'échappait par un arc sous l'aqueduc et répandait le liquide dans cette plaine haute, à pente modérée, où tout de suite on pouvait le conduire, par des rigoles de niveau ou par tout autre procédé, peut-être jusqu'au pied du tertre d'Uppenna.

L'ouvrage qui détournait ainsi les eaux de droite pouvait en livrer une partie pour les besoins de l'Henchir Kastelaia. Tout près de celui-ci, une construction en avant du grand corps contenait un bassin, une vasque fourrée en béton de tuileaux, et qui ressemble à un abreuvoir. Elle pouvait être alimentée par le barrage ou par l'aqueduc.

Dans ce canal de rive droite, à 120 mètres de son départ, s'ouvrait une puissante décharge, munie de vannes dont les traces subsistent. Elle était garnie d'un perré et flanquée de gros éperons. Le détail de la construction n'est plus maintenant très distinct, par suite d'adjonctions et de réparations que l'on peut constater ; mais son usage ne peut faire doute.

Pour livrer l'eau à ce canal, il fallait qu'il y eût dans le barrage une ouverture auprès de l'épi droit ; elle et son mécanisme ont été emportés avec cet épi et toute la moitié du barrage. Elle devait naturellement avoir son seuil au niveau du haut du radier

du canal, par conséquent très près du pied de l'ouvrage initial.
Lorsque le système de rive gauche avait prélevé sa part, une
tranche de 2 mètres environ de liquide, elle s'ouvrait, et une
nouvelle tranche, d'au moins une épaisseur égale, entrait dans le

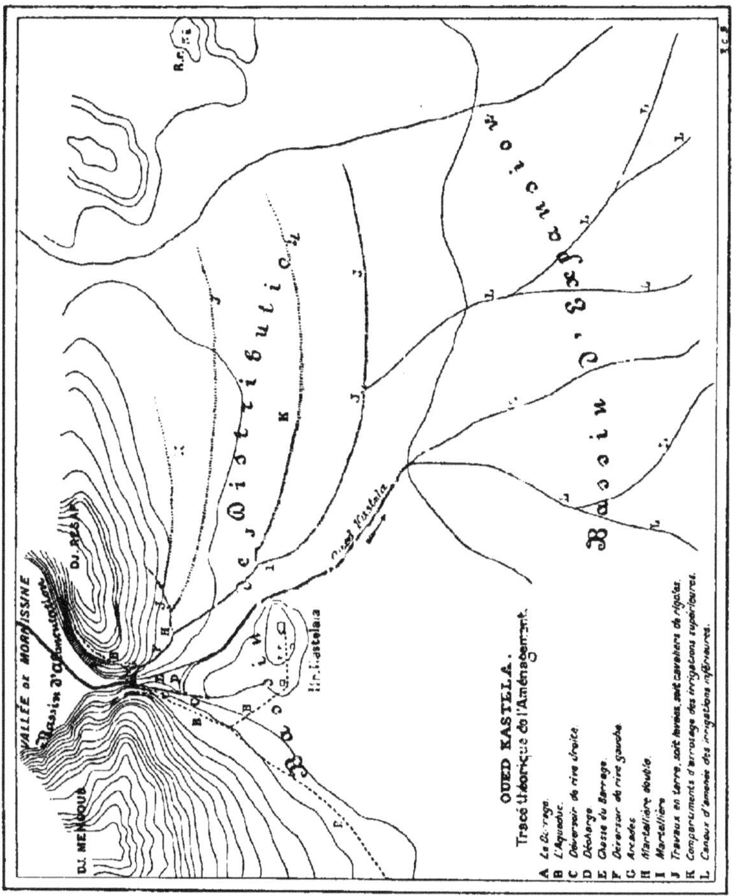

canal de droite. Une fois celle-ci épuisée, il pouvait y avoir un
petit déchargeoir, traversant maçonnerie et talus, pour chasser la
dernière couche de fond afin d'éconduire les boues.

Ainsi l'ensemble de l'ouvrage formait un réservoir avec distribution. A gauche, le bassin s'étendait jusqu'à la martellière et au bras supérieur de rive gauche, car il n'y avait pas de fermeture sous les voûtes : leurs piliers étaient trop faibles, o m.5o × o m. 9o, et ne servaient qu'à porter l'aqueduc. A droite s'ouvrait un canal conduisant à l'entrée de la plaine méridionale et à l'Henchir Kastelaia.

La rivière, alors très petite, beaucoup moins profonde qu'aujourd'hui et employée probablement à l'irrigation, elle aussi, dans sa partie inférieure, n'était alimentée que par les trop-pleins. A la place où elle court, derrière le barrage, était le gros remblai, en partie subsistant, qui épaulait toute la construction et enterrait les contreforts. Elle a d'ailleurs, au barrage même, fortement raviné son lit, et il faut bien déduire 2 mètres des hauteurs prises du point actuellement le plus profond. Les maçonneries de droite servaient donc surtout à élever les eaux pour les faire passer dans une plaine secondaire où elles allaient se répandre. Le déversoir de gauche donnait origine à une série de zones d'arrosage étagées, limitées par des levées de niveau le long desquelles coulaient sans doute des rigoles; et le liquide passait de l'une à l'autre par des vannes : on pouvait ainsi irriguer toute l'étendue vallonnée que j'ai appelée le bassin de distribution. De cette surface, l'eau venait dans les terres basses et unies que j'ai nommées le bassin d'expansion. Elle y trouvait la canalisation dont une partie est encore visible et a même été employée [1]. Enfin l'aqueduc, se servant du barrage pour sauter le ravin, lui prêtait son support comme couronnement.

Rien n'est plus simple que ce système, rien aussi n'est mieux combiné. Toute l'eau est utilisée et travaille sans éroder.

Une seule critique paraît possible. Le barrage a été placé dans l'étranglement de la gorge, par conséquent au point dangereux [2] :

---

[1] On va voir tout à l'heure un exemple plus vaste de la manière dont les anciens entendaient ces canalisations.

[2] Le danger était diminué par l'habitude qu'avaient les Romains de n'affaiblir par aucune ouverture, de ne livrer à l'action arrachante du courant par aucun passage d'eau, le corps même de leurs barrages. En Afrique du moins, c'est tout au plus s'ils y ménagent, au pied, comme à Kassrin, un petit déchargeoir pour la fuite des troubles, porte qui ne s'ouvrait qu'au moment où il ne restait plus grand'chose dans le bassin. A tous les ouvrages que j'ai vus, les ouvertures d'émission sont dans les déversoirs latéraux, assez loin de la digue initiale, généralement placées dans une partie courbe, comme dans un bassin

il eût été presque de règle, au contraire, de le mettre un peu en aval, à l'endroit où les eaux, hors du passage le plus étroit, perdent leur force et vont s'étendre. Mais les anciens n'ont pas eu le choix. S'ils n'accrochaient pas leur ouvrage aux rochers mêmes du pertuis, ils ne rencontraient plus que des terres de transport sur lesquelles rien n'aurait tenu.

L'ensemble et le détail sont donc irréprochables; et, parmi les travaux antiques, celui-ci nous fournit un type que l'on pourrait intituler : *barrage-réservoir en montagne pour la distribution des eaux dans un terrain à pentes marquées.* C'est le problème le plus fréquent qui se soit offert en Afrique.

§ 2. Irrigation de la plaine de Dar-el-Bey.

Les parties de l'Enfida voisines de la sebkha de Sidi-Khelifa ou Djeriba forment le bassin d'expansion de trois principaux oueds : l'oued Kastela, l'oued Boul, l'oued Ced, séparés par des mouvements du sol peu accentués, mais sensibles. Toutes ces eaux se rendent dans la sebkha après avoir erré dans les terres d'alluvions qui remplissent là un ancien golfe. L'épaisseur de ces alluvions est, pratiquement, infinie; le forage d'un puits artésien dans la plaine de Dar-el-Bey a été conduit à 200 mètres sans les avoir encore traversées. Quant au niveau, il est très uniforme. En 11 kilomètres, l'oued Boul ne descend que 33 mètres. Cette pente moyenne de 0 m. 003 par mètre donnerait, si elle était continue et si le courant était droit, une plaine assez inclinée où l'eau ne séjournerait pas et où il semble très facile de la mener à volonté.

L'oued Kastela nous a offert le type des courants qui viennent y finir. Il reproduit en petit ce que font l'oued Boul et ses affluents, oued Brek et oued Moussa. Or, entre son bassin de montagne et la plaine d'El-Khley, s'étend une région plus haute que celle-ci, plus fortement accidentée, intermédiaire. Il en est de même partout, sauf toutefois que cette région peut être plus ou moins étroite, sans avoir jamais plus de 2 à 3 kilomètres. Partout les anciens en firent le lieu de distribution des eaux. Généralement, comme à l'oued Kastela, un barrage initial débite le produit du

secondaire, et à un niveau tel qu'il ne s'y fasse sentir que le minimum de pression nécessaire pour l'émission de la part d'eau qui doit sortir par chacune d'elles.

bassin de montagne. Des déversoirs le répartissent aux différents niveaux : ces ouvrages, d'abord construits en maçonnerie, puis continués par tranchées et levées, conduisent le liquide jusqu'aux limites des plaines inférieures d'El-Khley, de Dar-el-Bey, d'El-Menzel. Là ils s'enchaînent à une autre série, celle des canaux. Sur ceux-ci l'agriculture faisait ses saignées, et les rigoles et sillons complétaient ce réseau, semblable à un grand système veineux. Les indigènes procèdent encore de même quand ils aménagent leur eau, par exemple tout près, au pied de Takrouna.

Ce type commun a subi des modifications de détail. C'est ainsi qu'un canal s'arrêtera, versant tout simplement son contenu en voile sur les terres inférieures. Ailleurs, en un bassin court, l'oued ne fera aucune distribution dans la région intermédiaire entre les montagnes où il naît et la plaine où il se répand : il aura seulement sur son tracé des barrages étagés ou d'arrêt, pour retarder la marche de ces crues.

Mais la conception générale est toujours et partout la même. A la sortie de la région des montagnes, un barrage répartit l'oued dans les organes qui desservent la partie haute de la plaine. Ceux-ci, au seuil du plat pays, terminent leur rôle en livrant l'eau aux irrigations inférieures.

Pour ces dernières, le meilleur champ d'étude, c'est la plaine de Dar-el-Bey.

Un grand ouvrage édifié à la naissance des Souatir lui envoyait sa portion du débit de l'oued Boul, qui lui vient maintenant en entier. Elle recevait et reçoit encore l'oued Moussa, l'oued Brek, et, indépendamment de ces eaux sorties des vallées principales, celles qui proviennent immédiatement de la pente sud du Mengoub et du petit massif de Takrouna. L'espace sur lequel se répand ce volume total de liquide est d'au moins 6,000 hectares cultivables. Quant à ce volume, il n'a pas été jusqu'ici calculé avec assez de précision, de suite, ni pendant une longue période. Une moyenne, au reste, aurait-elle grand sens dans un pays où les extrêmes de pluviosité observés en cinq ans sont l'un à l'autre comme 3.5 à 1 ? Les pluies se répartissent si variablement entre les années, si capricieusement dans le cours de chacune, si brutalement entre les jours, si étrangement même entre les régions les plus rapprochées l'une de l'autre, qu'on serait aisément trompé. On ne calcule pas sur un débit moyen quand il s'agit de diriger les eaux : il faut compter avec le maximum qui peut être fourni d'un seul coup. Or ce maximum peut atteindre en 24 heures 60 à 70 millions de mètres cubes et même au delà, soit un mètre cube par mètre carré ! Lors d'une crue d'un de ces fleuves que je vais citer, si tous avaient coulé en proportion et qu'elle eût persisté 24 heures, elle aurait apporté près de 125 millions et demi de mètres cubes. Heureusement, on n'a jamais vu cette durée ni cet ensemble. Mais rien ne dit qu'une coïncidence ne les amènera pas une fois [1].

[1] Je viens d'écrire ces lignes à l'Enfida, en face même des phénomènes, observés chaque jour sous la pluie, le long des lits, les uns remplis, les autres abandonnés, des oueds et des anciens canaux. Il a encore plu du 19 janvier au 20, c'est-à-dire il y a deux jours. Pendant les 28 heures écoulées depuis le premier jour à 4 heures du soir jusqu'à la fin de la pluie, le pluviomètre de Dar-el-Bey a marqué 0 m. 047. Les oueds sont pleins : l'oued Boul amène l'oued Mousa et la Saguiat-er-Roumi, moins ce qu'a conservé la Prairie inondée. Bien que ce ne soit qu'une petite crue, la vitesse en plaine, à la hauteur de Dar-el-Bey, est grande; elle semble, à l'œil, supérieure à ce qu'indiquerait la pente du terrain, mais elle croît avec le volume d'eau et devient énorme dans les grosses crues; elle a d'ailleurs en bonne partie pour cause la poussée qu'impriment au liquide les pentes montagneuses, encore proches, du bassin supérieur. Telle qu'elle est, elle est périlleuse. Le pont que le Service des travaux publics avait fait sur la piste de Kairouan à Dar-el-Bey a été emporté l'an dernier, sans même attendre les grandes eaux. A 40 mètres de ses ruines, j'ai vainement essayé, le 21, de traverser l'oued à cheval dans un endroit où il n'a guère que 0 m. 50 à 1 mètre de fond sur presque toute sa largeur. Aucun de mes compagnons ne se soucia d'affronter ce gué raviné, où l'eau jaune court avec force; la bête que je montais a failli me noyer dans les boues. Devant nous, un Arabe, le nommé Amor Ben Salah Bouzian Daibi, a péri sous les yeux de son fils : roulé par le courant, entraîné dans un trou, le malheureux n'a pu saisir un jalon que nous lui tendions, notre unique moyen de sauvetage. Le cavalier de la poste n'a passé qu'avec l'aide de vingt-quatre hommes. Aucune voiture, bien entendu, ne pouvait franchir aucune des rivières. Cependant il faisait très beau, l'oued baissait, le lendemain tout le monde put circuler; et, dans cinq jours, on n'eût pas vu trace d'eau, non plus que quarante-huit heures avant. Mais hier, 22, la pluie a repris. En peu d'heures, l'oued Brek, l'oued Sidi Khalifa, l'oued Bou Ficha, l'oued El-Asfoud et leurs voisins ont envahi complètement la plaine entre Chigarnia, Bou Ficha, El-Khley et le cordon littoral où court une route qui mène à Sousse; les champs ne se distinguent plus de la sebkha. Pour gagner, sous l'ondée, soit le fondouk de Bir-Loubit, soit cette route, je lutte dans un *barrozino* léger comme une plume que tirent deux vigoureuses mules; si nous tombons en un mauvais endroit, dans le lit des oueds que rien ne fait plus reconnaître, nous avons peu de chances d'en sortir. Il y a quelques années, M. Mangiavacchi a laissé quatre chevaux et une voiture dans l'oued El-Asfoud, trop heureux d'échapper, accroché au branchage d'un laurier-rose. Heureusement, on voit loin :

Lorsque la Société franco-africaine, acquéreur de l'Enfida, confia ce domaine à M. Mangiavacchi en 1881, cet éminent agriculteur remarqua dans toute la plaine les débris des canaux romains : l'un d'eux s'appelait encore Saguiat-er-Roumi. L'origine de ces travaux est assurément fort ancienne. Dès l'époque carthaginoise, la mise en valeur exigea un aménagement des eaux. Mais constructions, barrages, canaux, établissements, villes furent entretenus, rebâtis, augmentés pendant de longs siècles, et durèrent jusqu'à la fin des civilisations antiques. L'Enfida est couverte de restes qui la montrent prospère jusqu'au dernier moment. Pour ne pas sortir des régions déjà parcourues, l'Henchir Selloum, non loin d'El-Khley, a fourni une série d'objets d'art chrétiens ; l'Henchir Kastelaia, qui possède une église, a très certainement duré jusqu'à l'époque byzantine. Il en est de même pour tous. Dans la plaine basse, chaque tertre représente une grande villa, une bourgade ou même une ville, dont quelquefois on sait le nom; ils sont très nombreux, plus de vingt, entre l'oued Kenatir et Hergla. Partout se remarquent les longs murs des parcs, des jardins ou des fermes entourant les constructions et de vastes espaces de terre. La région des coteaux est encore plus riche. Les environs de Paris abandonnés dix siècles ne laisseraient pas de traces plus serrées que ceux d'Uppenna, que l'espace de Mornissine à Dar-el-Bey. Le tracé des irrigations qui avaient fait vivre ce peuple était une indication. On n'a eu qu'à remettre en état une partie de ce système pour atténuer notablement les effets des crues désordonnées, pour rendre à la culture suivie d'immenses espaces de terrain. La société proprié-

les ponts arabes de la route littorale, le pont romain ruiné de l'oued Kenatir émergent comme des écueils et nous servent de repères. Avant d'atteindre Tunis, je trouve la route neuve entièrement détruite dans le Khanguet avant Grombalia ; en arrivant, j'apprends qu'un autre voyageur, M. le commandant Coyne, a été moins heureux que moi : son cheval est perdu, sa voiture fracassée. Pour les personnes qui ne sont pas familières avec ces questions, je me hâte de dire tout de suite qu'il n'y a là rien d'effrayant et que ces oueds ne sont pas indomptables. Si les passages créés par nos agents, même sur les petits, ont disparu autant de fois qu'on les a établis ou refaits, en revanche les ponts des Arabes, même sur les plus grands, sont encore debout; beaucoup de ponts romains n'ont pas bougé non plus : on passe toujours sur ceux de Béja-gare et de l'oued Zerga, et ceux dont les débris subsistent attestent qu'un long abandon a seul pu amener leur ruine. Il en est de même des barrages, et l'espoir demeure permis. 23 janvier 1889. — 1894. Depuis cette époque, le 7 avril 1892, M. Rozé, conducteur des ponts et chaussées, a été noyé par l'oued Bou Ficha dans des circonstances analogues.

taire n'est point spécialement une société de culture et ne peut pas refaire ce qu'ont fait les anciens. Mais ce qu'elle a rétabli de leur œuvre est fécond en enseignements : en un point seulement, elle s'en est écartée, et ç'a été son seul échec[1]. Tant l'expérience avait bien conseillé ceux qui ont conçu le plan d'ensemble ! C'est ce plan qu'il faut étudier.

L'oued Brek a son barrage final au-dessous de son confluent avec l'oued Cherachir; celui-ci apporte les eaux du cirque qui enloppe le piton isolé de Takrouna. En amont de ce confluent est un second ouvrage semblant peut-être de même nature. Mais le torrent les a laissés à droite. Il a passé à gauche, abandonnant son lit. Il s'en est créé un nouveau aux dépens de sa rive gauche, dont il affouille les hautes falaises qu'il démolit incessamment. Au-dessus de ces ruines, sa vallée remonte encore 15 kilomètres; c'est au pied du djebel Bou-Safra que deux ravins d'égale longueur, environ une lieue chacun, se réunissent pour le former. A partir de là, il n'a plus que des affluents très courts; les plus longs ont 3 kilomètres, mais ils sont tous très abondants. La vallée est étroite, la pente forte. C'est une véritable gouttière où se précipitent les eaux. Phénomène dû probablement à l'isolement du djebel Takrouna en avant du massif des montagnes, il pleut plus sur l'oued Brek que sur les autres bassins. Aussi, pendant les grands orages, c'est lui qui coule le premier; souvent il a déjà fini avant que l'oued Moussa soit arrivé en plaine. Avec la forme et la fureur d'une vague, l'eau s'élance dans son lit et vient inonder tout. Le 12 septembre 1884, il tomba à Dar-el-Bey o m. 096 de pluie en une heure, un peu plus probablement en montagne. L'averse n'était pas finie que déjà l'oued Brek arrivait, roulant 500 mètres cubes à la seconde. Dar-el-Bey, qui se trouve à près de 25 kilomètres des sources, était envahi, des barrages arrachés, des madriers portés jusque dans la sebkha, des milliers de mètres cubes de terre déplacés, des thalwegs comblés, des buttes écrétées, onze cadavres roulaient dans les flots. La vague passée, o m. 5o d'eau couvrirent le sol pendant deux heures, puis tout coula; le lendemain, le lit ne montrait pas une goutte.

L'oued Brek est, de toutes les rivières, la plus difficile à dompter.

[1] C'est précisément auprès de la route, à l'endroit même marqué dans la note précédente; le barrage établi au débouché de toutes les eaux près de leur point de jonction a été rompu à peu près chaque année.

Ruines de barrage sur l'oued Brek.

Le grand moyen, c'était l'aménagement des vallées secondaires supérieures, que nous étudierons plus loin. Quand cet aménagement cessa, celui du grand oued fut détruit. Mais, même au temps où le tout fonctionnait, une bonne partie du débit des crues arrivait encore dans le bas. Elle s'y partageait, au barrage, entre le lit ancien et un canal de rive droite. Le premier emportait la grosse part au Nord-Est, dans la direction d'Uppenna. Très certainement des canaux l'y distribuaient, mais rien n'en reste. Depuis l'époque de l'abandon, l'oued tout entier a pris cette direction et colmaté jusqu'à leurs traces : on ne voit qu'un espace uniforme, alluvions sur alluvions. De tout le système commandé par les constructions sur l'oued Brek, il ne reste de perceptible que la dérivation de rive droite; il ne pouvait y en avoir sur la rive gauche, cette rive étant une colline escarpée. Ces eaux allaient dans la même plaine où se promène l'oued Mousa.

L'oued Mousa est tout différent. La haute vallée où il naît, au flanc du djebel Mdeker, est également fort abrupte. Mais, à partir des ouvrages qui le prenaient au pied du djebel Biada et qui n'ont pas laissé autant de traces, l'oued serpente moins torrentueux dans un passage bien plus large, entre le djebel Takrouna et le djebel Sidi-el-Garsi. Cette grande dépression, ondulée, mais remplie d'épaisses alluvions, absorbe beaucoup de liquide, et l'oued Mousa est très réduit alors qu'il entre dans la plaine [1]. Il faut toutefois se rappeler que cette plaine est fort remblayée, qu'elle était plus basse autrefois, et qu'alors, sans doute, la rivière y versait aisément ses eaux. Depuis l'abandon des travaux, l'oued a colmaté les canaux où les anciens le distribuaient et les lits successifs qu'il s'est faits; et l'oued Boul, apportant son cube énorme d'eau boueuse, a tout couvert, tout obstrué. C'est lui surtout qui a comblé le centre de cet espace, la Prairie, et interrompu l'oued Mousa par ses apports de matériaux. Il tend absolument à lui fermer la route; il y a effacé ou rendu inactive toute la partie moyenne de sa canalisation; mais les parties supérieure et inférieure se voient et sont intéressantes.

Au point où l'oued Mousa pénètre dans la plaine, on lui reconnaît six lits et plus, divisés en deux groupes.

---

[1] Le 23 février 1881, tandis que l'oued Boul débitait 15 mètres cubes à la seconde et l'oued Brek 12, il n'en épanchait, lui, que 2.

Le plus occidental, qui contourne un dos d'âne couvert de ruines romaines en trois ou quatre amas, est certainement le plus ancien. Il est marqué par deux thalwegs, l'un plus étroit, l'autre assez large, tous deux presque entièrement comblés. Le premier peut être un canal, le second le lit primitif. Mais, plus probablement, ils marquent les directions suivies avant tout aménagement. Soit que l'oued se fût barré ce chemin, soit qu'on le lui ait interdit afin de l'éloigner de l'oued Boul, toujours est-il que, dans la suite, il passa plus à l'Est, où l'on trouve quatre lits. La rivière, qui fait là un coude, est repoussée contre le tournant par le pied du djebel Takrouna et tend à reculer vers l'Ouest. Mais la berge de ce tournant est tendre et s'éboule aisément : elle forme ainsi des obstacles, sur lesquels les troubles s'amassent, et la rivière tend à reculer vers l'Est. Ces actions et réactions se produisent dans quelques centaines de mètres, et le travail de l'homme est venu s'y ajouter : deux au moins des lits perceptibles sont évidemment des canaux. D'ailleurs la rivière change de place, et les cultivateurs de Takrouna l'y aident par des levées temporaires qu'ils installent suivant leurs besoins.

La violence et la grosseur de l'oued Boul, la masse de troubles qu'il dépose, déterminent, autant que la pente primitive du sol, la direction des courants dans cette plaine. Tout est entraîné de l'Ouest à l'Est. Aussi l'oued Mousa, divisé, était-il emmené vers le point où s'élève aujourd'hui Dar-el-Bey et où convergent toutes les eaux. Dans la traversée du terrain qu'occupe la Prairie de l'Enfida, il passait à environ 800 mètres au Nord de l'oued Boul d'à présent, toujours fractionné en canaux, dont quelques-uns se reconnaissent ; les plus larges ont, à l'origine, 15 à 20 mètres de section et diminuent en avançant comme le volume qu'ils portaient ; les autres sont étroits, 1 m. 50, 2 mètres. Il semble qu'on ait là l'ossature d'une vaste irrigation par espèces de grandes razes, probablement disposées plus ou moins en épis, et dont les ramifications ont disparu. Au centre de ce réseau s'aperçoivent les ruines d'un établissement, presque entièrement enterrées. Là, en effet, le colmatage a été tellement abondant, qu'on perd les traces des canaux ; on ne voit plus que les lits de fortune que les eaux se créent chaque hiver. Les ouvrages anciens ne reparaissent ensuite que dans un ensemble curieux, qui sera étudié plus loin. Du moins on peut se rendre compte du fonctionnement général de cette canalisation.

Les canaux de l'oued Mousa devaient recevoir le petit oued des-
cendu du pied de Takrouna. Quant à la reprise de leurs eaux et
à la distribution dans le reste de la plaine basse, c'était l'oued
Boul qu'on en avait chargé.

Un barrage, vers l'endroit où les Souatir commencent, lui
fermait, peut-être entièrement, l'accès de ces terres, là même où
il y entre aujourd'hui. Plus bas, d'autres ouvrages d'art le parta-
geaient en deux bras, dont l'un était lancé du côté du Sud. L'autre
venait à Sidi-Fethallah, et c'était par là seulement que cet oued
arrivait en scène.

La plaine de Dar-el-Bey présente deux parties, que divise assez
bien la route de Tunis à Kairouan. L'une, à l'Ouest, est celle
qu'irriguaient l'oued Mousa, l'oued Takrouna et les prises sur l'oued
Brek et sur l'oued Cherachir. L'autre, à l'Est, naturellement plus
basse, est séparée de la première par un renflement de terrain,
qui atteint environ 3 mètres au-dessus du fond de la Prairie. Ce
renflement est sans doute la fin du contrefort de Takrouna, qui
fait la ceinture sud de l'oued Brek et qui a servi de soutien aux
alluvions mêmes des oueds. Il arrêterait l'oued Mousa dans la direction de Dar-el-Bey. Mais les eaux de crue l'escaladent, et en
tout cas, par infiltration, pénètrent ses terres peu compactes. De
là naquit un système spécial pour la reprise du liquide au profit
de l'ouest et du sud de la plaine.

Au Nord-Ouest de Bir-el-Bey se sont creusés des ravins où les
eaux, presque toutes venues de l'oued Mousa, qui ont irrigué la
Prairie, s'accumulent. Là les Romains avaient dressé de solides
barrages en terre, les élevant dans trois canaux. Ces canaux existent
encore, remblayés en grande partie, mais visibles, larges d'une
quinzaine de mètres, comme presque tous ceux de cette plaine.
On les traverse en suivant la grande route [1], et on reconnaît la
levée des banquettes anciennes effondrées. Ainsi, franchissant le

[1] A l'époque où j'écrivais ces lignes, la grande route n'était qu'une piste.
On commençait seulement à la transformer en une chaussée régulière et ferrée ;
malheureusement, sitôt le tracé fixé et avant d'avoir rien exécuté, on avait
fait les travaux d'art, surtout les ponts au passage des oueds ; ces ouvrages, singulièrement conçus pour la plupart, avaient été détruits par les eaux et en-
combraient les lits de leurs ruines. Quoi qu'il en soit, la route est finie aujour-
d'hui, et les fouilles, remblais et travaux de sa construction auront, je le crains,
rendu les restes anciens qui l'avoisinaient moins reconnaissables. 1894.

renflement que le sol présente par là, l'eau se rendait dans la partie inférieure. Elle s'y répandait; puis un dernier système, dont les restes servent encore, et qui sans doute profitait d'un aboutissement primitif de l'oued Boul ou de l'oued Mousa, la reprenait presque parallèlement aux canaux que l'on vient de voir. Grâce à lui, avant d'aller finir dans la sebkha, elle irriguait aussi les terrains les plus bas, aménagée ainsi depuis son arrivée jusqu'à son dernier débouché.

Il est plus que probable que ce système était la fin du grand canal entré par Sidi-Fethallah, c'est-à-dire venu de l'oued Boul. Dans le plan général de l'aménagement, l'oued Mousa et ses dépendances irriguent la partie gauche de la plaine. Le canal de Sidi-Fethallah vient reprendre leurs eaux, irrigue la partie droite et envoie tout à la lagune. Jusqu'à ce moment, l'oued Boul est éliminé : il ne rentre que par ce canal.

Mais cette division ne dura pas toujours. Réparé plusieurs fois, repris même à une époque relativement récente, le barrage initial creva. L'énorme masse d'eau limoneuse se précipita dans la plaine et y creusa son lit actuel, lit immense au début, changeant, escaladé par toutes les crues, puis profond dans la partie basse et courant droit vers la sebkha. Ainsi fut bouleversé l'organisme créé anciennement et maintenu pendant des siècles. La date de cette catastrophe ne nous est indiquée nulle part. Ce qui est sûr, c'est que jamais le barrage ne fut reconstruit. Sans doute, à l'époque de décadence où il se trouva démoli, on désespéra de rétablir la division des eaux de l'oued Boul, le partage de la plaine en deux systèmes distincts, l'approvisionnement de celle d'El-Menzel. On chercha seulement à atténuer le mal et, puisque l'oued Boul était là, à lui faire rendre quelques services dans les terres qu'il envahissait. C'est de là qu'est née la Saguiat-er-Roumi, et, sans doute pour alléger la tâche de celle-ci, le canal des Prairies, plus au Nord, qui devait prendre au passage l'oued Mousa.

En un point de la rive gauche éloigné d'environ 3,500 mètres de l'ancien barrage détruit, c'est-à-dire à l'entrée de la plaine tout unie après les derniers vallonnements, une levée, aujourd'hui arrachée, dérivait une partie de la rivière. Cette dérivation courait le long du relief qui sépare les deux parties du terrain plat, relief dû aujourd'hui, pour une part, à l'exhaussement de son radier. Elle pouvait irriguer à gauche; surtout elle irriguait à droite et venait répandre son contenu dans la plaine au Sud et à l'Est, entre le lit même de l'oued Boul et le domaine de l'oued Mousa. Quant à l'oued Brek, ses barrages n'étaient plus, ou ils périrent bientôt, faute d'entretien, et il suivit la route qu'il suit encore, sauf la correction que lui impose le barrage actuel de Dar-el-Bey, allant finir au Nord-Est comme les autres. Une bonne part de toutes ces eaux s'unissait, et s'unit toujours, pour se rendre dans la Sebkha. Le reste, ce qui s'infiltrait dans la plaine au Sud de la Saguia et de l'oued Boul, ce qui était apporté par les irrigations faites à leurs dépens, était repris par l'ancien canal, dont la partie inférieure pouvait encore le recueillir. Quant à la partie supérieure, devenue inactive depuis la rupture du barrage, elle ne recevait plus qu'un ruisseau venu d'un vallon des Souatir, et c'est l'oued Ced d'aujour-d'hui.

Ce système, bien imparfait, fut le dernier effort de la pratique ancienne, et c'est lui à peu près qu'on a reconstitué. Dans les siècles de ruine, de dépopulation, cette riche contrée, où les cultures se pressaient comme dans nos campagnes, où les habitations se tou-chaient comme aux abords d'une capitale, devint ce qu'elle était naguère, l'été, sèche et torride, l'hiver, noyée, bouleversée par les crues, les apports, l'érosion. Cependant les laboureurs arabes avaient timidement lutté. Ils conservaient la Saguiat-er-Roumi, installant de faibles levées à son point de dérivation, après que l'ouvrage byzantin eût été balayé à la longue. La Société franco-africaine y a ajouté le canal des Prairies, rétabli pour envoyer à l'oued Mousa une partie des eaux de l'oued Boul, un barrage sur l'oued Brek défendant Dar-el-Bey, un barrage sur l'oued Mousa à la reprise de ses eaux, et elle a recreusé la Saguiat-er-Roumi. Tous ses barrages sont en terre maintenue par un fascinage. Ils ont été parfois rompus, mais on les refait aisément; et, tels qu'ils sont, ils permettent d'irriguer cette large étendue. Il faut qu'il ne pleuve pas du tout pour que les récoltes y manquent; il faut que les crues soient d'une intensité monstrueuse pour que l'eau ravage et se perde. Encore doit-on se rappeler que les vallées supérieures ne sont nullement aménagées. Or c'est de là que tout dépend : on lutte en vain contre les oueds si leur débit n'est pas réglé dès l'origine de leurs eaux. Il l'était à l'époque antique, et l'irrigation recevait avec sécurité leur tribut. Mais, par ce succès relatif, on jugera ce que les anciens obtinrent d'un arrangement plus complet.

Nous avons là le type d'une *plaine irriguée par émission et reprise des eaux à des niveaux de plus en plus bas*. Ce procédé rappelle fort, surtout dans la partie droite, celui que les Anglais appellent *catch-water* et appliquent dans leurs prairies. Dernier mot de la science moderne, il était d'un emploi courant dans l'agriculture africaine.

Cet aménagement a duré bien des siècles; il a eu ses périodes de ruine partielle et d'abandon; il a une histoire, gravée sur cette terre au relief variable. Dans cette plaine de l'Enfida, un fleuve change de place en une heure; une seule grosse crue comble un lit, une rupture de berge en fait un. Il n'est donc pas possible que, même entretenus, tous ces ensembles de canaux aient persisté sans se modifier. Tout n'est pas de la même époque dans le réseau que forment leurs vestiges, on s'en rend compte facilement. L'âge de splendeur n'est point celui dont la Saguiat-er-Roumi est l'ouvrage le plus saillant. C'est celui qui a pu subsister tant qu'a tenu le grand barrage qui dirigeait les eaux de l'oued Boul.

Ses traces sont encore visibles. J'ai mis en place les plus marquées dans le croquis joint à ces pages, telles qu'elles figurent sur les plans que la Société propriétaire dressa pour le lotissement des plaines, et telles que je les ai moi-même reconnues sur le terrain. Il eût été facile de joindre ces tronçons, en dessinant également les parties des lits moins visibles; l'œil du lecteur le fera aussi bien et retrouvera le réseau avec autant de certitude.

§ 3. Dérivation et répartition de l'oued Boul.

Le bassin de l'oued Boul est vaste. Cette plaine où il se déverse n'en est que la dernière portion. Il n'y parcourt, jusqu'à la sebkha, qu'une douzaine de kilomètres, sur 35 ou 40 de longueur totale. Sous le nom d'oued Bou Khalifa, il se forme, au sud du Zaghouan, de toutes les eaux d'un contrefort appelé le djebel Kahal. Ces eaux descendent par nombre de petits oueds. qui avaient des barrages de retenue; les plus abondantes sont fournies par l'Ain-el-Hallouf et l'Ain-Cherchara. Au débouché de cette première vallée, l'oued rencontre les gorges du djebel Halk-en-Neb. Là, 2 kilomètres avant qu'il entre dans le défilé, un premier barrage romain le dérivait en grand pour irriguer à droite. Puis, sous le nom d'oued Halk-en-Neb, passant au pied des ruines de Thaca et de bien d'autres

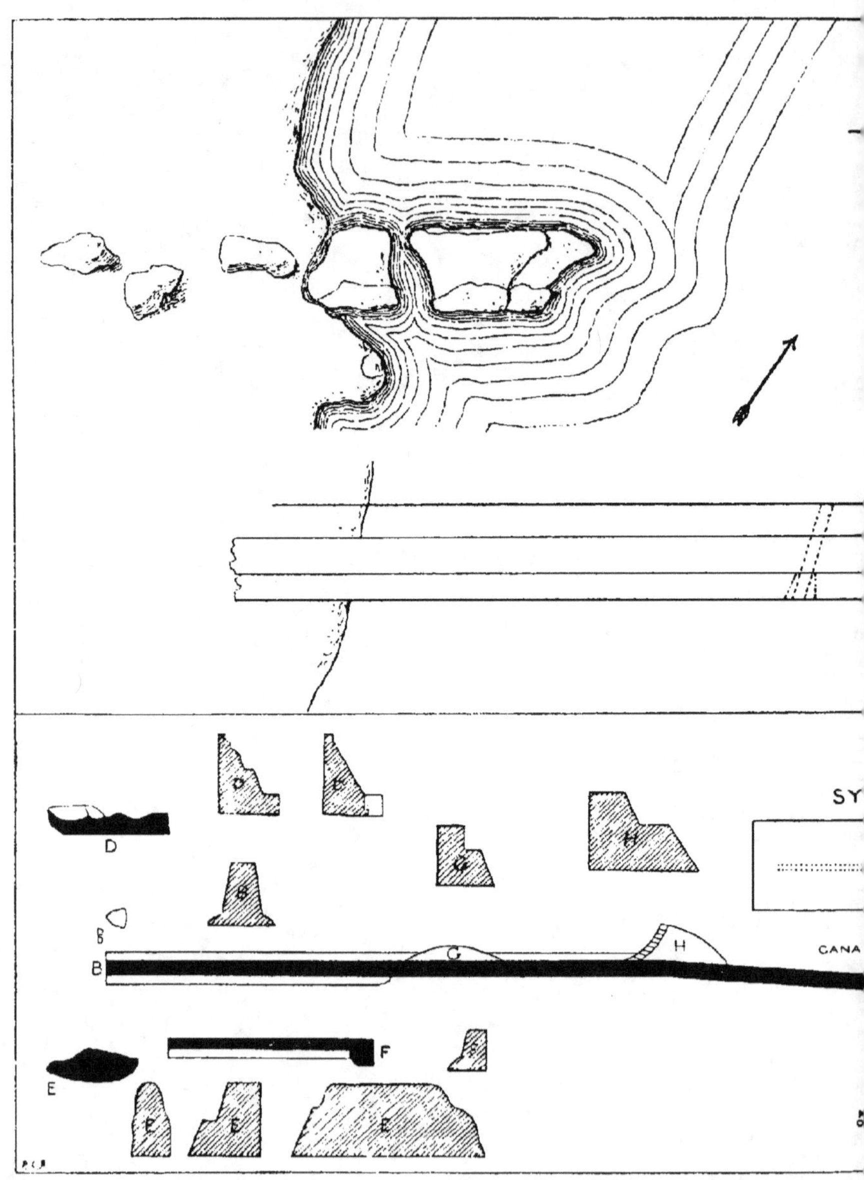
D
B
B
E
SY
CANA
D
E
G
H
G
H
E
E
E
F

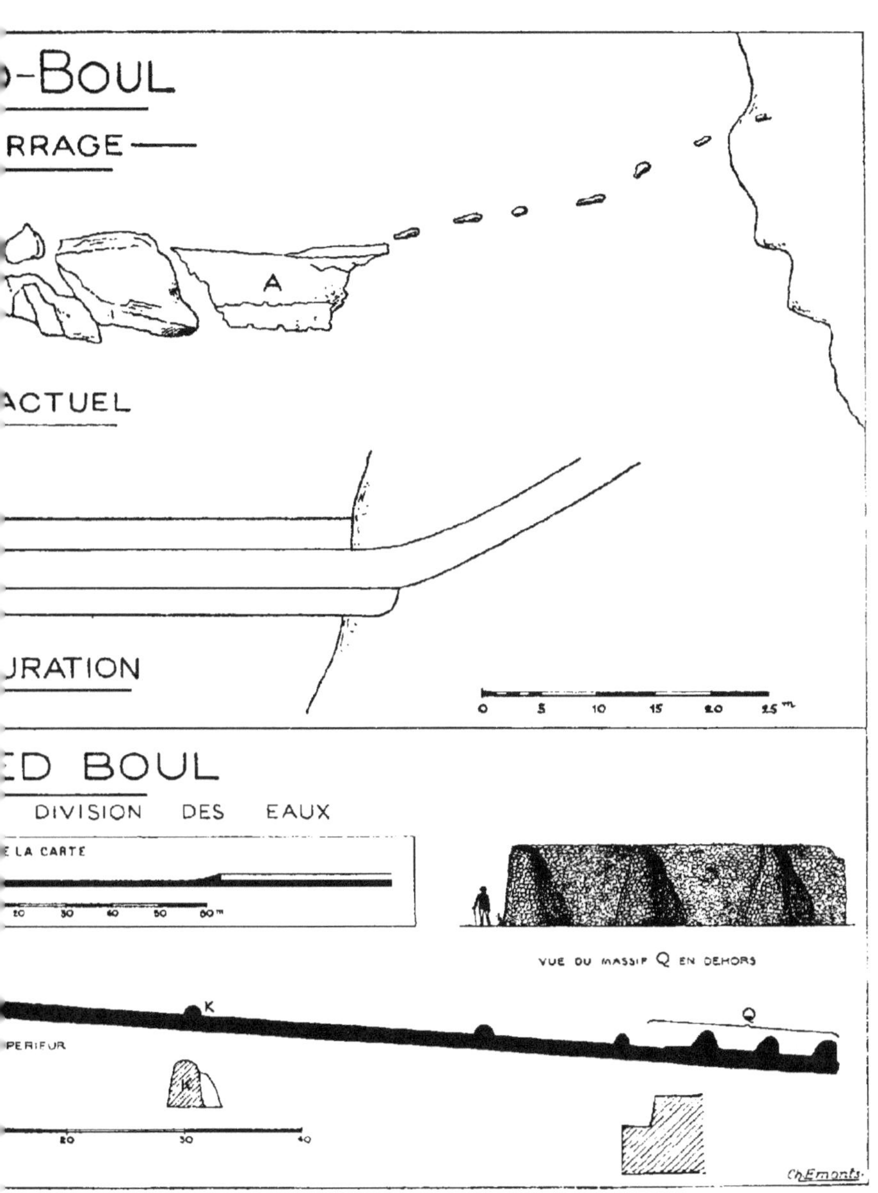

-BOUL
RRAGE
A
ACTUEL
URATION
D BOUL
DIVISION DES EAUX
LA CARTE
20 30 40 50 60 m
0 5 10 15 20 25 m
VUE DU MASSIF Q EN DEHORS
K
Q
PERIEUR
20 30 40
Ch.Emonts

villes antiques, il traverse le pays de Saouaf, haute région, espèce
de plateau, où il suit un lit encaissé et où l'irrigation était faite
par ses affluents de montagne, convenablement aménagés; l'ensemble de leurs rustiques terrasses est un des plus complets qui
soient. Il reçoit ensuite les eaux de l'oued Ainous, de l'oued El-Kaid
et autres, assez abondants à l'époque de leurs crues, secs comme
lui le reste du temps. Il passe au pied du massif d'El-Garsi, qui
lui verse encore quelque chose, rencontre enfin les Souatir, singu-
lière ligne double de rochers allongée sur 35 kilomètres dans la
direction du Sud, et les franchit à l'endroit même où ils s'élèvent
au-dessus de terre. C'est à 1 kilomètre plus haut que le barrage
le détournait.

L'oued Brek étant éliminé, sauf une prise limitée, et dévié vers
le Nord, l'oued Mousa étant surtout chargé d'irriguer la moitié
ouest de la plaine de Dar-el-Bey, l'oued Boul dut prendre une autre
route. De là cette dérivation et les travaux qui lui font suite.

C'était une digue simple [1].

Placée sur le trajet de l'oued, légèrement oblique à son cours,
elle avait 124 mètres de long, et la grande route passait dessus,
allant de Carthage à Hadrumète. Sur la rive gauche, à côté d'elle,
se voient encore les restes d'un enclos, avec les bâtiments, espèce de
fondouk. Sur la rive droite, le barrage continuait par une chaussée,
d'abord revêtue, puis nue, et qui portait la route. L'eau coulait
au pied de cette banquette, dans un canal dont la trace se suit
jusqu'au passage des Souatir. En cet endroit, elle devait le traverser
sur un ponceau, car elle file au pied des rochers, passant à Dar-el-
Aroussi où se trouvent des ruines antiques et des citernes importantes. Quant au canal, sa direction était à peu près celle du chemin moderne jusqu'au point où il trouvait l'oued Ced, venu du
vallon intérieur des Souatir et, lui aussi, canalisé. A partir de ce
lieu, son lit est très visible, assez profond, souvent plein d'eau dans
la saison des grandes pluies, et déversant alors au besoin une part
de l'oued Boul. Il se dirige vers le Sud-Est.

La digue de dérivation est un ouvrage considérable, pour les
anciens, pour le pays, pour son caractère tout local. Épaisse de
7 m. 50, sa maçonnerie était peut-être aussi garnie en arrière par

<hr>

[1] C'est elle qui est dénommée «pont», et plus ou moins décrite comme tel,
dans les écrits des divers voyageurs.

une banquette de terre disposée en talus. La construction est très compacte, composée de gros moellons et revêtue de pierres de taille; elle est d'une dureté extrême. A 3 mètres au-dessus du lit actuel, sur une corniche large de 3 m. 5o, passait la voie. Un parapet de 2 m. 5o d'épaisseur, de 3 m. 5o de hauteur environ, la défendait au-dessus de ce niveau. C'est donc une hauteur totale de 6 mètres passés qu'a encore le barrage; il semble remblayé par le pied.

Des traces vagues de la levée qui le continuait vers le Sud se reconnaissent sur plus de 6o mètres. Le point de cette rive qui est au même niveau que la crête du parapet, se trouve à 14o mètres des restes actuels de l'épi. C'est donc à peu près là que la levée finissait ou se réduisait au talus de la route. De tout cela, il ne subsiste rien. On voit que le terrain a été raviné, puis remblayé depuis des siècles. La figure du sol s'est beaucoup modifiée; l'oued a un peu changé de place. Le barrage, aujourd'hui, se trouve dans un tournant; il lui sert en partie de berge. Il n'était peut-être pas construit dans cette position mal tenable. Il n'est pas imposible que le courant primitif l'abordât alors suivant un autre angle, légèrement oblique à droite; autrement la dérivation n'aurait pas pu être effectuée, à moins, ce qu'on ne voit plus bien, qu'elle ne partît de plus haut, ne s'enracinant pas au barrage. L'envasement devant la digue et l'obstruction du canal auront dévié l'oued. Il est alors venu courir le long de la première, affouillant le pied de cette grosse masse, qui a fini par crouler vers l'amont, comme en témoignent les morceaux. Le fleuve a continué ensuite à incliner de plus en plus à droite, allongeant son tournant, ruinant la berge gauche tant que les débris du barrage ont fait obstacle, puis enfin, quand il n'est plus resté que les blocs dénudés, prenant au travers d'eux sa direction actuelle. Le canal et tous les travaux que l'on va voir sur son parcours devinrent dès lors inutiles, et il fila tout droit vers l'Est.

Mais avant d'être délaissé, le barrage avait été soigné, complété, rebâti même. On y voit beaucoup de matériaux évidemment remployés. Toutes les pierres de revêtement sont prises à d'anciens édifices. C'est donc tard seulement que l'on abandonna la lutte, nouvelle preuve de la prospérité de la plaine de l'Enfida jusqu'à une époque assez récente.

Si l'on suit le canal en partant du barrage, on trouve, à 1.8oo

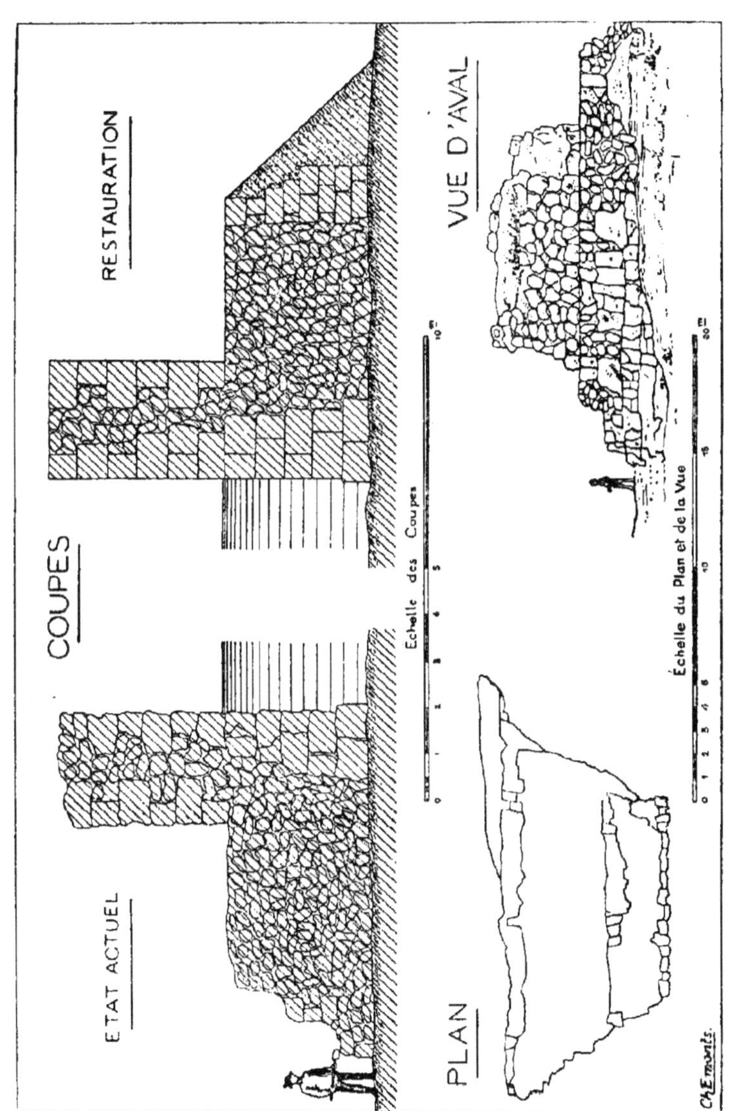

OUED BOUL. — Le barrage; massif A.

mètres le long de sa berge droite, un mur en blocage formant quai, épais de 1 mètre, renforcé en pied d'un socle arrondi, qui court presque sans solution sur 115 mètres de longueur. Cette espèce d'endiguement est au bas de terrains tout pleins d'antiquités; des puits romains, les grandes citernes qui sont à Dar-el-Aroussi, les ruines voisines, assez vastes, un canal pour les eaux venues des Souatir, le vallon rempli de constructions, de travaux d'art, d'habitations, qui existe entre leurs deux chaînes, tout montre que ce coin de terre était fort soigné autrefois. Il est extrêmement pittoresque et devait être assez riant. Le quai était sous un jardin; dans le haut se trouvaient les citernes. En tout cas, ce n'est qu'un détail.

C'est à 700 mètres plus loin que se faisait la division des eaux. Les travaux qui l'opéraient subsistent et méritent d'être décrits.

Ils sont d'ailleurs peu compliqués. Il s'agissait de constituer une nouvelle dérivation, quelque chose comme un partiteur à ciel ouvert qui couperait le liquide, parvenu à un certain niveau, pour le séparer dans deux lits [1]. Mais cet ouvrage devait agir en même temps comme une écluse, l'eau détournée à droite ayant à s'élever, pour changer de bassin, en franchissant un petit col, peu haut, mais assez long. De la plaine de Dar-el-Bey, bassin de l'oued Boul, elle va passer dans la plaine d'El-Menzel, bassin de l'oued Medjenine; elle pourra même devenir tributaire de la sebkha de Halk-el-Menzel, puis, avec les eaux du lac Kelbia, tributaire de la sebkha Djeriba, au lieu de rester affluente de la sebkha de Sidi Khalifa avec les eaux de l'oued Bou-Ficha. Ce résultat considérable était obtenu simplement.

Le canal, jusqu'au point de division, n'avait que des berges de terre. Mais là, deux massifs maçonnés, encore entièrement debout, écartés de 21 m. 60, forçaient l'eau contre une jetée centrale, qui pouvait couper le courant. Il y avait certainement, à droite et à gauche de celle-ci, quelque système de réglage, soit un vannage, soit, plus économiquement, des glissières où s'inséraient de fortes planches dont la superposition permettait d'élever ou d'abaisser le seuil. Mais l'envasement du canal en dérobe les restes,

---

[1] La disposition de l'ouvrage rappelle tout à fait, en petit, celle des canaux de Lombardie; les Italiens, même après Léonard, ont conservé la pratique générale des Romains, et la prise du Naviglio Grande sur le Tessin est, en plus vaste et avec un autre outillage, ce que l'on va voir sur l'oued Boul.

s'ils existent; ce qui se voit à la surface du sol est à peine une indication.

En revanche, la jetée se dresse encore presque intacte dans toute sa longueur, 151 mètres. Elle mesure, à son extrémité, 5 m. 50 au-dessus du sol actuel, ce qui est aussi la hauteur des massifs de l'entrée. Elle devait être continuée par une levée de terre, aujourd'hui effacée, qui séparait les deux canaux jusqu'au point où celui de gauche tournait décidément au Nord. C'est auprès de ce point que le canal de droite atteignait le sommet du col, à 600 mètres du départ.

Cette jetée est une muraille en blocage assez grossier, de moins de 1 m. 50 d'épaisseur, légèrement courbée à droite, garnie à gauche de contreforts et, à droite et à gauche, d'une base arrondie formant socle que l'envasement cache peut-être sur une partie de la longeur.

Les contreforts sont assez différents. Deux d'entre eux sont en réalité des plates-formes, et l'une d'elles présente un escalier pour descendre dans le canal de gauche.

A droite, à 5 m. 50 de la tête, se trouve un second bras, parallèle à la jetée centrale et long de 18 mètres. Continué par une levée de terre, il faisait la berge droite du canal. L'usage de l'ouverture laissée entre lui et la tête de l'ouvrage n'est plus aujourd'hui évident, non plus que le mécanisme de cette chambre, assez analogue, sur plan, à un sas d'écluse. L'intéressant, c'est la fonction d'ensemble, et cette fonction est manifeste : c'était une prise sur le grand canal.

Une fois les eaux qu'elle prélevait parties pour la plaine d'El-Menzel, les eaux de gauche, par celui-ci, continuaient leur course. Le canal est devenu un oued[1], mais en changeant un peu de place. Il a, en effet, appuyé vers le fond du vallon où il passe, laissant à sa droite des ouvrages qui, vraisemblablement, ont été sur son cours.

Ces ouvrages, qui peuvent paraître, l'un quelque prise d'eau, et l'autre une décharge, sont situés fort au-dessus du lit actuel, à 130 mètres l'un de l'autre. Il est très difficile de dire à quoi ils ont servi. Ils pouvaient être en relation, l'un rendant les eaux prises par l'autre. Ils pouvaient être indépendants et faire partie d'un système d'abreuvoirs pour les vastes troupeaux qui parcouraient ces parages. En tout cas, leur usage devait être très local; car, derrière eux, le

---

[1] Ce lit, comme celui qui se dirige plus au Sud, porte le nom d'*Oued-es-Sed*, en arabe «rivière du barrage». Il y coule quelquefois de l'eau.

sol monte tout de suite, c'est une colline; par conséquent, s'ils prenaient l'eau, ils ne l'envoyaient pas loin. Ils nous montrent que le canal était beaucoup plus haut que le thalweg moderne; il

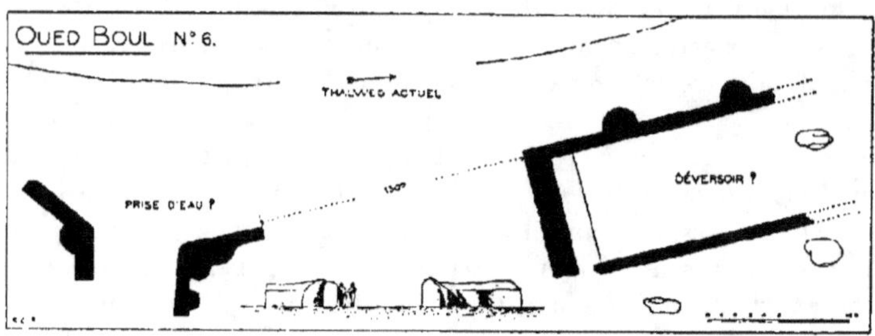

Travaux le long du canal de Sidi Fethallah.

était, fort probablement, supporté à gauche par une levée qui l'aidait à passer le petit col auprès de Sidi Fethallah.

À Sidi Fethallah est une ruine étendue; les restes d'un *castrum* carré y dominent ceux d'une bourgade, où l'on peut chercher Aggersel [1]. Peut-être une branche du canal passait-elle à l'ouest de cette place, rejoignant le bassin actuel de l'oued Mousa et de l'oued Boul. La branche principale suivait le tracé du petit oued actuel. Elle allait dans la basse plaine remplir l'office de grande artère des irrigations inférieures.

Tel était le système de répartition de l'oued Boul.

La recherche de ses détails pourrait être attachante; mais il faudrait faire une fouille, où peut-être on serait déçu. Leur connaissance d'ailleurs importe moins pour notre étude, dès lors qu'on a une idée juste du mécanisme général. L'ouvrage fondamental était, à volonté, une espèce de partiteur et une sorte d'écluse déversoir.

Il est vraisemblable, en effet, que la dérivation de droite et le canal continuant à gauche ne pouvaient qu'exceptionnellement

---

[1] Ce n'est pas ici le lieu de déterminer la position de cette ville. On trouvera dans Tissot, *Prov. d'Afr.*, t. II, p. 560-561 et dans les notes, tout ce qui a été dit sur cette question. J'ajouterai seulement que, le long de la voie, il n'y a que trois emplacements où puisse avoir été une station importante. Aucun ne répond à tous les chiffres de la Table de Peutinger, mais surtout aucun n'est sur la route; la ville voisine d'El-Menzel en est à environ 1 mille, Sidi Fethallah à une demie-lieue, Sidi Abd-er-Rahman-el-Garci à près d'une lieue et demie.

charrier de l'eau tous deux ensemble; tout au plus celui-ci pouvait-il servir de fuite, de décharge à l'autre, de trop-plein lorsque le liquide arrivait surabondamment. Mais, sauf ce cas sans doute très rare, c'était en le fermant qu'on pouvait hausser l'eau jusqu'à la faire passer dans le bras supérieur. Réciproquement, pour qu'elle pénétrât dans celui-ci, l'autre restant ouvert, il fallait une crue excessive, emplissant le lit à déborder. Et ce rôle de réglage mutuel était déjà un emploi des deux canaux ici accouplés.

Toutefois leur usage principal fut de s'ouvrir par alternances. Celui de gauche étant fermé, l'eau entrait naturellement dans celui de droite. Puis, à son heure, l'autre canal s'ouvrait : celui d'en haut ne recevait plus l'eau, elle partait pour Sidi Fethallah.

Ceci maintenant est curieux.

La plaine d'El-Menzel renferme un aqueduc, dont le tracé se suit. Dans la partie toute basse qu'occupe une petite sebkha, il est porté sur des arcades; il aboutit à une ville romaine et berbère auprès d'El-Menzel, et il vient tout droit du canal de dérivation de l'oued Boul. Comme il n'y a sur ce parcours ni aux environs aucune source, il est évident que son contenu était emprunté au canal. Celui-ci portait donc non seulement l'eau agricole, mais encore et surtout l'eau potable. La fonction décrite plus haut n'était pas la seule qu'il remplît, n'était même pas la première pour sa branche de droite. Le bassin de l'oued Sidi Abd-el-Goui et de l'oued Medjenine ne manque pas d'eaux, mais il n'en possède que d'impures. On avait su, paraîtrait-t-il, lui en amener d'autres par un moyen très ingénieux et, ainsi que le reste, très simple.

Anciennement comme aujourd'hui, le lit de l'oued Boul était à sec presque toute l'année. Le barrage du Halk-en-Neb détournant les eaux supérieures, il n'avait plus pour affluents que les ruisseaux des pentes du Saouaf. Mais les ravins étant garnis de barrages de retenue et les oueds étant répandus sur le plateau en irrigations, l'eau, absorbée, évaporée, n'arrivait qu'en petite quantité dans le collecteur principal. Là encore elle s'absorbait, s'évaporait, ne coulait qu'en temps de crue. Il est infiniment probable que, sauf à ces moments, jamais elle n'arrivait jusqu'au pied d'El-Garsi. Cette eau d'ailleurs est impotable, comme celle de presque tous les oueds. Mais, dans le lit de celui-ci, 2 kilomètres environ au-dessus de la digue, jaillit une source différente, d'un liquide tout à fait buvable, à laquelle même on a songé, depuis l'occupation française, pour l'alimentation de Sousse. Cette fontaine est permanente; c'est à elle qu'est dû le courant qui passe toute l'année dans les ruines du barrage; l'été, elle débite toujours; dans la sécheresse universelle de 1888, elle a encore assez donné pour atteindre le commencement de la Prairie. C'est cette eau qu'emmenait le canal. Les indigènes sont persuadés qu'on y joignait l'Ain Mdeker, source plus belle encore qui naît à 9 kilomètres de là, entre le djebel Biada et le djebel Mdeker, au milieu des ruines de Mediccera, et qui est maintenant une des têtes de l'oued Mousa. Cela n'eût pas été impossible, mais je n'en ai pas la preuve : on devrait voir à la digue même l'aqueduc qui l'amènerait, je ne l'y ai point vu. D'ailleurs Mediccera avait besoin de sa fontaine, et l'oued Mousa aurait été bien réduit si on la lui avait enlevée.

Le barrage donc élevait l'eau, de quelque source qu'elle vînt, et la mettait dans le canal initial, qui l'entraînait au point de répartition et l'acheminait dans la branche supérieure, d'où l'aqueduc d'El-Menzel l'emportait à cette ville. Là des citernes emmagasinaient tout ce qui dépassait les besoins journaliers, laissant seulement le trop-plein, s'il y en avait un, pour les jardins. Tel était le fonctionnement tant que la rivière ne coulait pas. Comme il n'y a, dans la contrée, qu'une soixantaine de pluies par an, et qui n'amènent pas toutes des crues, cela pouvait durer 300 jours.

En temps de crue, tout le thalweg s'emplissait. L'eau non buvable noyait la source, et l'oued Boul apportait violemment ses flots troublés, couleur d'urine [1]. Le petit canal des Souatir, à sec aussi le reste du temps, le grossissait de son tribut. Alors on fermait l'aqueduc et l'on se servait des citernes. L'eau, envoyée dans le grand canal ou partagée entre les deux canaux, allait irriguer les deux plaines, ou l'une des deux, à volonté.

La crue passée, la source délivrée coulait seule dans le lit de l'oued. On refermait alors le canal, et en même temps on rouvrait l'aqueduc. L'irrigation était finie, l'alimentation reprenait.

Telle était — si l'hypothèse que j'ai émise, et que je ne donne, jusqu'à nouvel ordre, pour rien de plus, est confirmée — le double office de cet ensemble intéressant d'ouvrages.

Un caractère à signaler, qui n'est pas le moins remarquable, c'est sa grande rusticité. La construction est très grossière; les

[1] C'est ce que veut dire son nom, en arabe.

raccords, les adjonctions, les remaniements sont visibles. Il y en
eut plusieurs, nouvelle preuve de la durée de cette installation.
Ainsi la jetée centrale n'était au début qu'une muraille longue de
45 mètres, haute de 2 m. 75 au-dessus du sol actuel, arrondie
par en haut, revêtue d'un crépi. On sentit le besoin de prolonger
ce bras, d'en augmenter l'élévation. En conséquence, un mur nouveau, de o m. 5o plus haut, s'y abouta sur 106 mètres; et, pour
atteindre son niveau, on rechargea le précédent en posant simplement du blocage sur le couronnement. Plus tard encore, il fallut
rehausser la partie avancée de ce mur : on procéda exactement
de même; et, sans toucher à ce qui était fait, sur le chapeau
on établit un nouveau couronnement convexe qui commence au
soixante-douzième mètre. Enfin on sentit le besoin de surélever la
tête de la digue. Sur une longueur de 41 mètres, on ajouta 1 m. 10
à la courtine et aux contreforts, sans s'occuper de l'aspect, qui
n'est pas très heureux d'un côté ni de l'autre. Au reste, dans
tout cet ensemble, rien n'est destiné à l'effet : ce n'est pas de l'ar-
chitecture. Nulle part on ne se sent plus franchement en présence
d'un ouvrage rural, fait par les gens du lieu, pour leurs propres
besoins, sans prétentions à l'art. Pas une ligne n'est droite, pas
une direction mathématique, pas une distance exacte : tout est
fait et placé à l'œil. Les massifs de maçonnerie ont les formes les
plus baroques, renforcés d'une façon quelconque là où il a semblé
utile. Une seule chose est soignée, le mortier, qui fait de ces blo-
cages grossiers une masse extrêmement dure. Ce caractère de rusticité, cette préoccupation unique de faire quelque chose qui
serve, et en même temps cette maladresse à faire quelque chose
de beau, sont à noter : ils se retrouvent dans tous les travaux de
ce genre, sauf de très rares exceptions. Il est visible qu'il s'agit
d'autres entreprises que de travaux publics. Ce n'est point le gouvernement qui a créé ces digues, ces barrages, ces canaux et ces
déversoirs. Il faut y voir des œuvres d'intérêt local, exécutées
moins par des ingénieurs que par des praticiens de campagne,
des agriculteurs possédant la tradition et l'habitude : une longue
expérience faisait, chez les anciens, que ces conceptions, qui nous
semblent appeler des spécialistes et pour l'exécution desquelles nous
entretenons des services, étaient dans la pratique courante. Le
moindre *librator*, avec les maçons de l'endroit, s'en tirait, en somme,
assez bien. Il est vrai qu'on ne se risquait à entreprendre rien

d'immense; mais c'était déjà un succès que d'en avoir écarté le besoin.

On n'en saurait trouver d'exemple plus typique que l'aménagement de l'oued Boul. Sur une longueur de 40 kilomètres, pas une goutte d'eau n'était livrée à elle-même. Et, pour ce résultat, suivant toute apparence, l'entente des intéressés, la main-d'œuvre des riverains suffit. Le problème résolu sur son cours inférieur est un de ceux qui se posaient souvent. Le grand barrage sera pour nous le type de la *digne de dérivation*, et les ouvrages en aval *répartissent les eaux dans deux canaux de plaine et en élèvent une partie pour la faire changer de bassin.*

Comme le barrage de l'oued Kastela, comme presque tous les barrages, ce travail se prêtait aussi à conduire de l'eau potable; et ici l'adaptation apparaîtrait assez ingénieuse.

§ 4. Retenues contre les torrents dans les ravins du djebel Bou-Safra.

Les spécimens étudiés jusqu'ici ont fait voir l'organisation des bassins inférieurs des oueds, dérivations dans les vallées, réservoirs au bout de celles-ci, répartition dans les campagnes, irrigations dans les plaines basses, changements de direction, de versant, adaptations de toute nature. Mais toute cette œuvre serait en grand péril si la montagne aussi n'était aménagée.

Si, par exemple, l'eau de tout Mornissine se précipitait, comme maintenant, en une crue soudaine, démesurée, dans le lit de l'oued Kastela, nul obstacle ne résisterait. Tout serait emporté après les grandes pluies. Quand même la digue tiendrait, l'abondance du liquide en un même moment empêcherait de le garder, de le distribuer tout entier. Ainsi il faudrait, d'une part, pendant un temps plus ou mois long, laisser agir les forces destructrices, l'inondation, l'érosion; et, d'autre part, après la fuite rapide des eaux ainsi abandonnées, perdre l'effet utile qu'on en pouvait tirer. Diminution de l'eau utilisable pendant la durée de l'année, dégâts causés par l'eau surabondante dans la courte période des crues, danger de ruine pour l'ouvrage sous l'effort puissant de celles-ci, envasement subit du réservoir par l'apport de troubles énormes: tels seraient les vices évidents de cette installation coûteuse, si elle était bornée au bassin inférieur. Que serait-ce quand il s'agirait d'une grande rigole comme l'oued Brek? Que fût-il advenu si l'oued Boul eût recueilli, comme aujourd'hui, en très peu d'heures, toutes les eaux de tous les monts où il serpente? Il en serait résulté ce qu'on a vu depuis, la destruction de tout l'aménagement et la mise à sac du pays depuis les crêtes jusqu'à la mer. Il a fallu, et de nécessité, qu'avant de se croire maître des portions basses du cours, l'agriculteur donnât ses soins aux bassins d'alimentation. Il a fallu qu'en amont des barrages, le débit fût déjà réglé. Et, comme cette obligation s'est imposée pour beaucoup d'oueds, il a fallu que les petits versants qui leur fournissent les eaux supé-

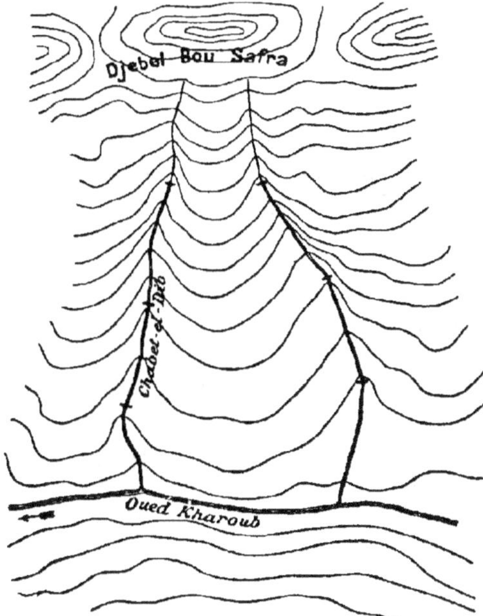

Ravins barrés dans le djebel Bou Safra.

rieures fussent pourvus d'organes spéciaux. C'est, en effet, ce qui eut lieu, et ces travaux méritent un regard.

Parcourant les parties montagneuses qui dominent les plaines de l'Enfida, de l'oued Remel, de Djebibina, on trouve encore fréquemment des espèces de murs en pierres sèches, coupant les ravins, les vallons, et généralement démolis. Rarement il y a du mortier. Le plus souvent, un même thalweg en présente plusieurs étagés à intervalles plus ou moins grands. En général, vers l'amont, le terrain, retenu par ces ruines comme par un soutènement, est plus ou moins horizontal ou figure une contrepente dont le sommet est celui même du mur. Un voyageur inattentif peut passer près de ces ouvrages sans y prendre aucun intérêt. Mais, aux yeux de l'observateur, ils dessinent tout un système formant une suite de gradins, depuis les pentes les plus élevées jusqu'aux vallées où coulent les oueds. Il y en a beaucoup sur les hauteurs dont les eaux viennent dans l'Enfida. Ils garnissaient tout Mornissine, bassin supérieur de l'oued Kastela, tout Saouaf, bassin supérieur de l'oued Boul, et tous les versants du massif de Djeradou et des montagnes voisines où s'alimente l'oued Bou-Ficha.

Dans cette dernière contrée, sur le flanc du djebel Bou-Safra, j'ai pris au hasard un sentier qui en présente un bon exemple. Il longe deux ravins, dont l'un s'appelle Chabet-ed-Dib, et qui tombent à l'oued Kharoub. C'est un simple chemin de montagne, qui passe d'une rive à l'autre et traverse même le thalweg sur un de ces petits barrages.

Car ce sont bien des barrages rustiques, abandonnés et dégradés, mais dont l'usage est évident. Il y a plus. Aujourd'hui même,

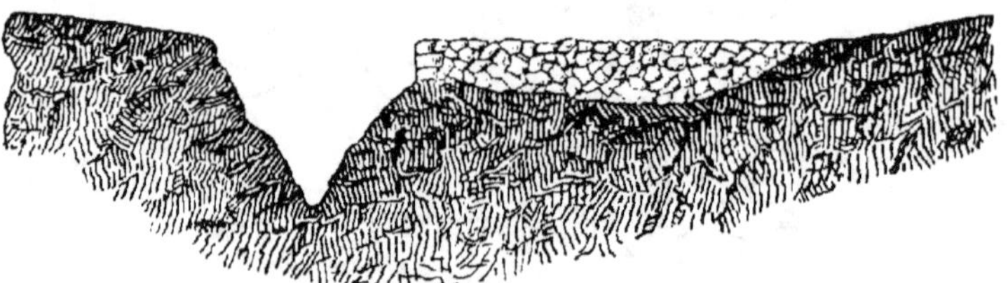

Barrage tourné par les eaux.

les paysans de ces contrées, bien moins industrieux, moins actifs, surtout moins nombreux qu'autrefois, savent à l'occasion en créer de semblables. Ils ne leur donnent qu'une portée bornée; ils ne tentent pas l'aménagement universel des hauts vallons; ils se limitent au petit coin que l'un d'eux veut mettre en état. Derrière Takrouna, j'en ai vu quelques-uns. Hors de l'ancienne Afrique, dans notre Kabylie, les indigènes savent aussi établir des paliers en pierres, ou même en fascinage, qu'ils relèvent quand ils se disloquent et qui retiennent les terres abruptes. C'est d'ailleurs un travail presque instinctif chez l'homme, et que pratiquent nos paysans dans les Alpes et dans les Vosges.

J'ai choisi comme spécimen, le long de ce petit chemin des environs de Djeradou, un barrage demeuré intact, mais que l'eau a tourné par la droite, déchaussant son épi et emportant la berge, et

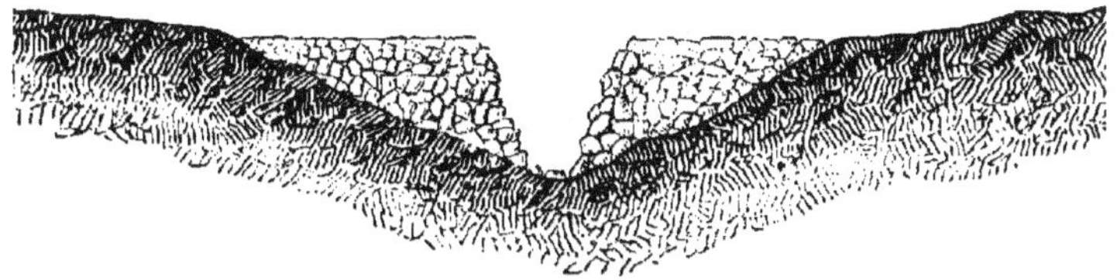

Barrage rompu.

un autre qu'elle a forcé, démoli par le milieu [1]. Ils ont tous deux 1 m. 50 de haut, un peu plus de 1 mètre d'épaisseur, et leurs voisins sont en proportion. Le ravin étant très étroit, ces muraillons ont, comme son fond, 6 à 10 mètres de développement, quelquefois plus, s'il est utile de garnir quelque peu les pentes ; ils peuvent même

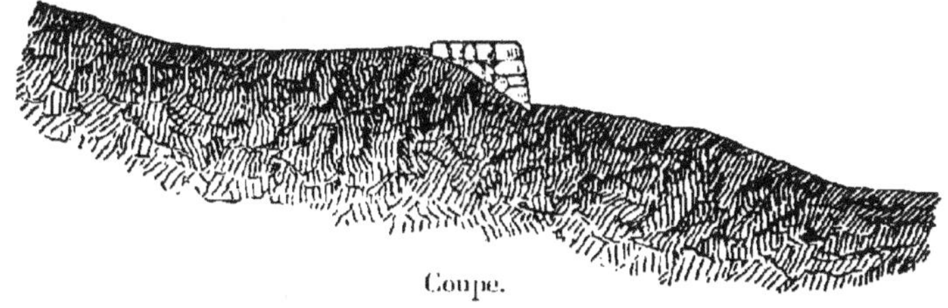

Coupe.

s'étendre assez loin. On voit sur le croquis que, par chaque ravin, les pluies en trouvaient trois avant de gagner l'oued Kharoub. Chacun formait un arrêt suffisant pour maintenir les terres en place ; d'ailleurs elles étaient plantées et, par conséquent, peu mobiles. Comme les interstices du barrage le rendaient partout perméable, il n'offrait pas de résistance superflue. Il n'arrêtait pas l'écoulement, il le retardait, l'obligeait à se faire par infiltration. Ainsi, d'échelon en échelon, la plus grande partie du liquide

[1] Les croquis ont été pris obligeamment par M. Coeytaux, régisseur de l'Enfida.

gagnait les niveaux inférieurs en traversant des terrains bien fixés, susceptibles d'emploi utile. L'excédent seul pouvait former une cascade de peu de durée, considérablement amortie par l'effet de toutes ces terrasses, et qui, au pied de chacune d'elles, devait tomber sur un cassis, afin d'éviter l'affouillement.

Ces petits travaux de paysans ne coûtaient rien d'exécution, et pas davantage d'entretien. Il suffisait de quelques heures pour les reconstruire avec les mêmes pierres, c'étaient des *maceriæ* comme celles que l'on mettait autour des champs. Elles devaient souvent se compléter, comme aujourd'hui celles qu'établit notre Service des forêts, par des rigoles étagées sur les pentes dans les intervalles.

Mais si les barrages maçonnés que l'on trouve à l'entrée des plaines ont pu remplir le rôle qui leur était échu, contenir, répartir les crues et résister à leur poussée, ce n'a été évidemment que grâce à ces tas de cailloux, qui sont les racines du système dont eux représentent le nœud. Tous les vallons, tous les ravins qu'on a voulu préserver de la ruine sont ainsi armés tout du long; il en est peu qui ne gardent pareilles traces, et l'on est fondé à penser que, si parfois on ne les aperçoit pas, c'est que l'action brutale d'une nature excessive, depuis trop longtemps déchaînée, les a effacées entièrement. L'existence des paliers est d'ailleurs supposée, le plus souvent, par les proportions de l'ouvrage que le collecteur trouve à son arrivée en plaine. Ces proportions sont en somme modestes, et jamais n'eussent été suffisantes si, en amont, les petits oueds n'avaient eux-mêmes été bridés. Nos superbes barrages modernes de l'Algérie, qui prétendent disposer d'un fleuve tout entier, de tout le produit d'un versant, sont un péril de chaque jour. Si par malheur ils cèdent, ce qui arrive à tous, ils jettent l'eau d'un bassin entier dans une campagne cultivée, y noient des centaines de personnes, y font des millions de dégâts. Les anciens avaient préféré n'avoir point à affronter cette lutte; ils retenaient à peu de frais, dans chaque vallon de montagne, l'eau qui lui était nécessaire; ils empêchaient l'érosion d'arracher la terre inclinée; ils réglaient le débit du fleuve dont les vallons sont tributaires, de manière à ne plus le trouver aussi puissant, aussi rebelle.

Les pentes du djebel Bou-Safra nous livrent donc un dernier type qu'il était utile de connaître. C'est celui des *terrasses de retenue*, de construction rustique, *contre les torrents* minuscules qui dévalent par leurs ravins. Parmi les ouvrages hydrauliques, ce n'était pas le moins répaudu; bien des hauteurs en ont été pourvues, et les anciens faisaient partout, pour les montagnes africaines, ce que nos agents des forêts exécutent avec talent, dans des proportions plus grandioses mais sur une moindre étendue, pour les montagnes de la France. Seulement ils avaient l'avantage qu'il s'agissait pour eux de conserver leur sol, et nous devons reconstituer le nôtre.

L'effet de tels travaux approche du merveilleux. Sur les pentes vêtues de terre, ils maintiennent, et pour toujours, le boisement, le gazonnement. Dans les ravinements dégarnis, ils arrêtent les blocs, les cailloux et les sables, et déterminent un atterrissement qu'on ensemence ou que l'on plante. L'opération terminée, le torrent est changé en ruisseau inoffensif et préparé pour l'irrigation des régions basses. La sécurité de celles-ci est en même temps assurée. Sur le versant, les sources augmentent, et en eau claire, par conséquent bonne à faire des prairies de montagne, richesses pour le haut pays, et incapable d'envaser les ouvrages qu'elle rencontrera dans les contrées inférieures. Veut-on savoir quel pouvait être, dans l'aménagement général, l'effet direct de ces retenues sur les oueds de l'Enfida ? Voici qui en donne une idée. Le torrent du Bourget (Basses-Alpes), avant un pareil traitement, parvenait en 3o minutes, gonflé par une pluie d'orage, au bas de son cône de déjection : il y met maintenant 12 heures.

Ce qui se voit là dans nos Alpes s'est vu souvent en Afrique autrefois. L'eau qui tombe à minuit sur le djebel Souaf, à l'altitude de 800 mètres, est, une heure après, dans l'oued Boul et, le jour même, dans la plaine aux environs de Dar-el-Bey. Comptez combien de fois 12 heures elle mettait à faire ce chemin quand les retenues existaient sur un tel développement !

RÉSUMÉ.

Avec les barrages rustiques défendant les vallons supérieurs, l'organisme qui aménage les eaux de l'Enfida est complet. On peut l'embrasser d'un coup d'œil, par bassins d'écoulement ou par zones de relief.

Le bassin de l'oued Kastela forme un petit tout indépendant. Sa disposition est très claire. La vallée ronde de Mornissine, qui lui fournit toutes ses eaux, est munie, dans ses ravins, de ter rasses de retenue. A la gorge par où sort l'oued, un beau barrage réservoir le saisit pour le distribuer. Dans l'espace vallonné qui est la partie haute de la plaine se fait cette distribution, au moyen d'un système de levées tenant les eaux aux différents niveaux. Dans les terres basses sont des canaux et rigoles d'irrigation, et enfin la sebkha recueille l'excédent.

Le reste de l'aménagement est à regarder plutôt par zones.

Dans la montagne, les ravins sont pourvus de leurs retenues ; il n'y a pas de petits torrents, mais des ruisseaux coulant de palier en palier, imbibant le terrain forestier ou herbeux. Dans les vallées des collecteurs, des barrages d'arrêt existent s'il le faut, et, au débouché dans la plaine, un ouvrage procède à la répartition. Le plus beau spécimen est fourni par l'oued Boul. Les eaux de ses montagnes d'origine n'arrivent pas dans l'Enfida : au Halk-en-Neb, elles sont détournées. Les affluents de sa vallée moyenne, les ravins du Saouaf, ont tous leurs retenues. Il descend ainsi plus tranquille au seuil du pays inférieur.

Le plan d'irrigation des plaines de l'Enfida est le suivant. Au Nord, on élimine, au moins partiellement, l'oued Brek ; au Sud, on élimine d'une façon analogue l'oued Boul. Un bras dérivé du premier vient dans la plaine de Dar-el-Bey. Celle-ci est en deux portions : la haute, voisine de la montagne ; la basse, le long de la sebkha. La première sera servie par l'oued Mousa principalement. Dévié par une digue du côté des Souatir, l'oued Boul, canalisé, longera ce terrain par le Sud. Près du petit col qui sépare cette plaine de celle d'El-Menzel, un ouvrage spécial permet de l'envoyer dans cette dernière, tout entier ou partiellement, à volonté. Le canal de Sidi Fethallah ramène ensuite ce qui en reste dans la partie basse, vers l'Est.

Pendant ce temps, des fosses parallèles ou rayonnantes ont émis, puis repris les eaux des autres oueds dans la partie située à l'Ouest. Ce canal fait le même travail dans la moitié inférieure et devient le collecteur qui mène enfin à la sebkha la plus grosse masse de l'excédent.

A côté de cet organisme, plus ou moins associé à lui et lui empruntant son secours, en existe un autre créé pour l'approvisionnement d'eau potable.

Telle était l'installation d'une région agricole en Afrique, au meilleur temps de son histoire.

III

OBSERVATION DE FAITS SEMBLABLES SUR TOUTE L'ÉTENDUE DU PAYS.

Les détails énoncés jusqu'ici, je les ai observés moi-même; les ouvrages, je les ai moi-même levés et dessinés; en bien d'autres lieux, j'ai pu opérer d'identiques constatations. Le même besoin, servi par des idées semblables, a enfanté les mêmes travaux. Si les différences locales des terrains, des cultures, de l'état social ont introduit quelques variantes dans l'uniformité de la conception, le fait général est frappant. La plupart des explorateurs, depuis Shaw et Bruce jusqu'à V. Guérin et aux savants les plus modernes, ont remarqué les oueds barrés, les canaux, les citernes, les réservoirs et, sinon le système, au moins ses éléments. On peut grouper utilement leurs indications éparses.

§ 1. Afrique et Numidie.

J'emprunterai d'abord quelques exemples à l'un de nos derniers voyageurs, parce que ses indications sont accompagnées de croquis.

Sur la rive gauche de l'oued Sbeitla, fleuve presque permanent où finissent d'innombrables petits ravins, M. Saladin voit, et je les ai vus également, les restes de retenues le long de chacun d'eux[1]. Entre Gafsa et Feriana, ces barrages en pierres sèches ont partout attiré ses regards comme les miens[2]. Dans le bassin de l'oued Djellabia, ce sont « sur les petits ravins rapides et encaissés formés par les eaux au moment des pluies dans les flancs du djebel Bellil, des séries de deux ou plusieurs petits barrages à 5o mètres au-dessous l'un de l'autre et barrant des ravins parallèles. Ces barrages ont en amont un talus fort peu rapide; en aval, ils sont presque verticaux; ils sont construits en pierres sèches »[3]. Ne sont-ce pas exactement nos retenues des vallons de l'oued Kharoub?

Des vallons affluents, passons aux collecteurs. Voici un barrage

[1] *Arch. des Missions*, 3ᵉ série, t. XIII. p. 65.
[2] *Ibid.*, p. 165.
[3] *Ibid.*, fig. 177. 178.

analogue à celui de l'oued Boul. sur l'oued Guergour[1], mur maçonné de 2 m. 50 environ d'épaisseur et dont la partie supérieure va en diminuant, par deux retraites successives, la première de 1 m. 50, la seconde de 0 m. 45. Voici enfin, car les anciens ont su aussi faire de belles choses, le grand monument de Kassrin (Cillium)[2].

C'est un barrage réservoir, mais d'un type un peu différent. Il approprie la rivière à l'irrigation de la banlieue d'une ville. C'est un travail municipal. Mais ne l'oublions pas, ces imposants ouvrages ne sont rendus possibles, durables, que par l'aménagement général de l'oued, par la régularisation qui résulte pour lui de l'action des terrasses dans les vallons d'en haut, et très souvent par la diminution que déterminent les prises analogues déjà effectuées en amont. Car. fréquemment. les villes se succèdent à différents étages de la même vallée, et elles ont dû s'entendre pour se passer les eaux. Le barrage de Kassrin, que j'ai vu, est en forme de segment d'ellipse et présente sa convexité au courant. Il a 10 mètres environ de haut. 130 mètres de long. Vertical en amont, en talus vers l'aval, il est fait de moellons et terminé par une chaussée cailloutée, qui est large de 4 m. 90. Dans la partie inférieure, sur l'oued, s'ouvre un déchargeoir de 2 mètres de section. L'épi droit a été emporté avec tout le mécanisme qui était dans cette partie. « On conçoit facilement quelle énorme quantité d'eau était en réserve en amont de cet ouvrage, quand d'un coup d'œil on embrasse la double vallée qui y aboutit. » Le territoire de Kassrine, c'était la plaine de Fouçana. plaine très fertile dans les endroits où on peut encore l'irriguer; grâce au barrage, toute l'année et tous les ans elle avait de l'eau.

Les grandes vallées, les bassins des cours d'eau permanents, des fleuves considérables n'étaient pas moins aménagés que les autres. J'ai trouvé sur le Bagradas[3] des retenues, des dérivations, des levées, tout comme sur les oueds sans nom. En voici des exemples.

Aux environs de Souk-el-Khemis, on reconnaît parfaitement les traces de larges canaux, véritables lits auxiliaires où l'eau court encore quelquefois quand les crues exceptionelles l'amènent par

[1] *Arch. des Missions*, p. 167.

[2] *Ibid.*, p. 161-164, fig. 290-294.

[3] Je dirai plus tard ce qu'était l'aménagement général de ce géant des oueds, dont l'histoire est tout à fait inconnue.

hasard à ce niveau. A 5 kilomètres en amont du point où dans la Medjerda se jette l'oued Kessab, on rencontre sur celui-ci les ruines d'un barrage. Épaulé par un terre-plein, les deux épis gardés des affouillements latéraux par de petits quais maçonnés, il avait environ 5o mètres. Des canaux encore partiellement en usage lui faisaient suite, des martellières dont les montants se voient encore y réglaient l'immission des eaux [1].

Dans une autre région de la même vallée, près du confluent de l'oued Zerga, autre barrage considérable, mais destiné, autant qu'on le voit, à fournir de la force motrice, et réapproprié à ce but dans des temps tout modernes [2].

[1] «Un essai de restauration, m'écrit M. Chenel, contrôleur civil à Souk-el-Arba, en a été tenté, vers 1275 de l'ère musulmane (1858) par Si Mohammed ben Abbas, bach-hamba du bey Mohammed, qui détenait, à titre d'antichrèse, soixante méchias dans la vallée inférieure de l'oued Kessab. Il avait fait creuser, le long de la rive droite, un canal de dérivation partant d'un coude qui est situé à environ 4oo mètres en amont, et l'avait fait aboutir à un massif en maçonnerie de chaux et de béton qu'il avait fait construire en tête de l'ouvrage romain, au point de distribution des eaux. Ce massif, qui est très bien conservé, n'a guère qu'une coudée de profondeur sur une élévation de o m. 4o et sur un carré de 4 mètres environ de côté. L'on aperçoit encore sur la hauteur, à environ 1 kilomètre de là et sur le chemin même qui conduit au barrage, le four qui a servi à fabriquer la chaux employée à cette construction, laquelle a été interrompue par la mort de Mohammed Bey, survenue l'année suivante; c'est ainsi que le bach-hamba se trouva dépourvu des moyens de continuer son œuvre. A proximité de la tête du canal creusé par Si Mohammed ben Abbas, l'on remarque une petite construction romaine, de forme carrée et présentant 3 mètres de face. Les indigènes prétendent y voir les restes d'un moulin à eau. A une trentaine de mètres de là et au pied de la berge de l'oued Kessab se trouve une source d'eau excellente; mais, malgré son voisinage de la construction dont il vient d'être parlé, l'on n'y découvre aucun vestige d'ancien aménagement. Un barrage construit par les indigènes un peu au-dessus de l'ancien, à l'aide des premiers matériaux et de pierres roulées que fournit le lit de la rivière, dessert actuellement les irrigations; mais il n'oppose au courant qu'une barrière insuffisante et faible, qui est emportée régulièrement à chaque crue. La vallée de l'oued Kessab est d'une fertilité remarquable. Nul doute qu'à l'aide d'un barrage présentant de meilleures conditions, l'on arriverait à irriguer une superficie beaucoup plus considérable.» 3 mars 1889.

[2] Rien ne prouve que les travaux que l'on voit sur la Medjerda, depuis le barrage de Djedeida jusqu'à celui de Tebourba, soient entièrement arabes. Ils le sont certainement sous leur forme actuelle; mais ils paraissent bien avoir succédé à des travaux romains; un barrage intermédiaire, d'où part le canal transversal d'irrigation de cette vaste plaine, et qui est démoli, semble surtout avoir cette origine; d'ailleurs le système de canaux qui occupe tout cet espace serait

Ces barrages servaient à tout. Ils s'associaient à d'autres ouvrages ou se prêtaient à leur confection. Presque toujours une route, un aqueduc, un pont s'ajoutaient, s'accrochaient, se superposaient à leur masse. Celui de Simitthu[1] (Chemtou) était à quelques mètres en aval du grand pont élevé par Trajan. Construit à une époque tardive, au moins sous sa forme actuelle, il a dû longtemps préserver ce bel édifice de la ruine en empêchant les affouillements, et ne l'a laissé renverser qu'après avoir péri lui-même. Il servait à plus d'un usage, et le système d'échappement visible près de son épi gauche actionnait sans doute la scierie annexée aux carrières de marbre.

Ailleurs, dans un bassin contigu à celui de l'oued Boul, j'ai étudié le barrage d'Henchir Sguida, sur l'oued Lebroum[2]. Un

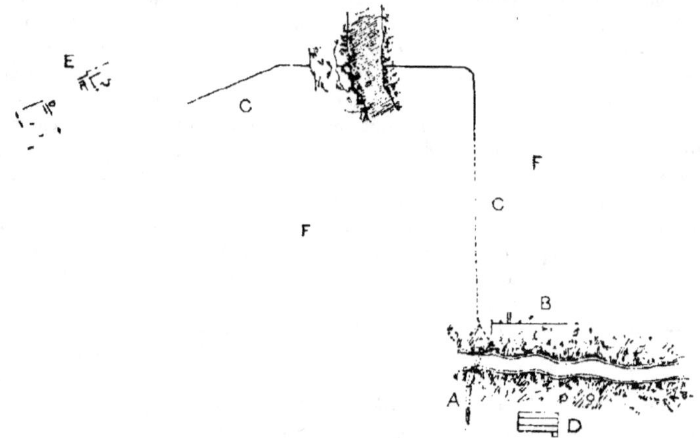

Barrage, réservoir et aqueduc de l'Henchir Sguida :
A, barrage; B, réservoir; C, aqueduc; D, citernes; E, thermes;
FF, espaces occupés autrefois par les jardins.

aqueduc passait dessus; lui-même alimentait une vaste *fesguia* pour l'arrosage des jardins. Et avec lui nous revenons aux ouvrages rustiques, de construction modeste, auxquels n'ont contribué ni les empereurs ni la province, et qui, pour notre étude, sont les plus

une conception vaine, s'il est vrai que le grand barrage, monument du faste inutile des beys, n'ait jamais reçu ses pales.

[1] Tissot, *op. laud.*, t. II, p. 276.
[2] *Bull. arch. du Comité.*

importants. Eux aussi s'adaptent à tout ou prêtent leur modèle à d'autres créations. Un barrage à Foum-el-Guelta [1], un autre à l'Henchir-Tefel [2] alimentent réservoirs et aqueducs. C'est un cas d'une fréquence extrême. Il y en a à tous les pas. Tous ces ouvrages sont trop communs : si les explorateurs n'en relèvent pas davantage, c'est qu'ils n'y pensent point; ceux qu'ils ont reconnus leur ont frappé les yeux tandis qu'ils cherchaient autre chose. Mais ils eussent pu en signaler bien d'autres, et dans toute l'Afrique ancienne. [3]

Je ne crois pas avoir vu autant de travaux hydrauliques d'ensemble dans les provinces d'Oran et d'Alger. Mais, dans celle de Constantine, ils abondent comme en Tunisie. Le sud de l'ancienne Numidie présente des faits très saillants.

M. le commandant Payen signalait [4], dans le Hodna, des vestiges de construction de ce genre « sur chaque rivière ou torrent présentant la moindre importance par le débit de l'eau qu'il est susceptible de fournir, soit pour les besoins d'un centre de population, soit pour les irrigations de la grande culture ». Ce bassin circulaire, dont les eaux, venues de gorges de montagnes, coulent d'abord dans des vallées étroites, puis s'allongent dans la plaine inclinée pour finir à un chott central, aurait été aménagé d'une façon merveilleuse. Tous les oueds y auraient eu leurs barrages, étagés quelquefois en trois ou quatre échelons, comme sur l'oued Legouman; des réservoirs, des canaux endigués y existent à profusion. Ces travaux, les indigènes s'efforcent de les refaire en terre et en fascines : chaque crue les leur démolit. Quand ils étaient entretenus dans leur construction primitive, que l'abandon a seul pu ruiner, ils donnaient à cette contrée une fertilité sans égale [5].

D'autres explorateurs, M. Ville par exemple [6], ont été attirés par eux. Le capitaine W. Ragot a signalé [7] ceux de Verecunda

[1] Saladin, *op. laud.*, p. 63.
[2] *Ibid.*, p. 102.
[3] 1894. C'est ce que vient de faire M. le commandant Gœtschy dans la région de Gafsa. *Soc. arch. de Constantine*, 1893, p. 85 et suiv.
[4] Soc. arch. de Constantine, 1864. *Notice sur les travaux hydrauliques des anciens dans le Hodna*, avec 23 dessins, malheureusement un peu imparfaits.
[5] Procop., *B. V.*, II, 13.
[6] *Explorations dans le Bassin du Hodna et le Sahara.*
[7] *Soc. arch. de Constantine*, t. XVI, p. 195, 215, 290.

(Markouna), de Bagaï (Baghaia), qui permettaient d'inonder au besoin une plaine, plusieurs autres encore, et surtout le grand barrage, le grand canal, tout le système de l'oued Djedi.

« Il existe, dit-il, dans le lit de l'oued Djedi, les ruines d'un grand barrage romain qui rejetait les eaux non seulement sur la rive gauche, mais aussi sur la rive droite, du côté du Sahara. Aux canaux principaux s'embranchaient d'autres conduites d'eau secondaires. À côté des points de bifurcation, on remarque généralement des constructions en pierres de taille. Quelques petits postes fortifiés assez éloignés se trouvent dans des positions telles qu'on peut supposer que leur emplacement avait été choisi pour protéger les terres irriguées par ces barrages, en même temps que pour concourir à la défense du pays. Fait peu connu : on voit dans le Sahara les traces d'une immense saguia (canal), appelée Saguiat-Bent-el-Kras, et qui, d'après le dire des indigènes, commencerait près de l'oasis des Ouled-Djellal et irait aboutir au chott Melghir, en traversant le petit désert de Mokran. Au IVe siècle, El-Mekki en parle et la désigne sous le nom de Saguiat-Ibn-Khazar... Ainsi donc, jadis, cette zone désertique était arrosée et on tirait parti des très bonnes terres qui couvrent cette région. Ces irrigations dans un pays qui est aujourd'hui le type de l'aridité prouvent combien s'est modifié le régime des eaux de l'oued Djedi. »

Ces paroles, écrites il y a longtemps, peuvent être vérifiées par tout le monde, maintenant que Biskra est sur un chemin de fer. On comprendra que les Ziban étaient une riche contrée, et non pas seulement à l'époque romaine, mais dès le temps où Mela trouvait la nation des Gétules *frequens et multiplex*. Voyez ce que d'autres Berbères devenus leurs héritiers, les Mozabites, ont fait de l'affreuse chebka où s'élèvent à présent leurs villes.

On pourrait continuer, et longtemps. Théveste, par exemple, ancienne capitale, devait la fertilité des campagnes qui entourent l'oasis où elle est à un aménagement des eaux que l'Aurès leur envoie; je l'ai vu partiellement rétabli, au moyen de restes des antiques ouvrages. M. de Bosredon a retrouvé des barrages dans les défilés de l'Osmor [1].

---

[1] *Soc. arch. de Constantine*, t. XVIII, p. 176.

§ 2. Le Sud Tunisien.

La région Saharienne de Tunisie et ses abords, le sud de la Byzacène, n'offrent pas de moins beaux morceaux que les provinces algériennes et méritent un coup d'œil à part.

L'aménagement de l'eau, au sud du Byzacium, a été la conquête même.

Je me suis tenu jusqu'ici, dans cette étude, un peu en deçà des limites de ma seconde région. Sur ses bords, en effet, est un pays frontière qui tient déjà du Sahara et que la pluie favorise peu. Cette zone de transition est celle de Gabès (Tacapæ), sur la Syrte, et de Gafsa (Capsa), dans l'intérieur. Si on veut la connaître à l'état primitif, il n'y a qu'à ouvrir Salluste, comme nous l'avons déjà fait. Capsa était une oasis, écartée, comme au bout du monde, défendue par deux jours de déserts. C'est ce qu'elle est redevenue. Il n'y pleut guère : 0 m. 243 en 44 jours par an ; encore la plupart de ces pluies sont-elles insignifiantes, si bien que ce volume d'eau tombe presque tout en très peu de jours. Alors l'oued Baïèche remplit son lit, large de 800 mètres, et menace à la fois l'oasis d'inondation et d'ensablement. La chaleur atteint jusqu'à 50° ; mais il gèle en moyenne dix à douze fois par an, quoique 145 jours dépassent + 30°. Tacapæ, oasis maritime, a des variations moins extrêmes ; mais, au fond de la Syrte, il pleut peu : 0 m. 1697 seulement ; la chaleur ne monte guère au delà de + 49° ; il ne gèle jamais, et le nombre de jours au-dessus de + 30° n'est que de 112. Mais les crues y sont aussi brusques : j'ai vu l'oued Gabès, un ruisseau qui n'a pas 15 kilomètres, passer de 0 m. 50 à 7 mètres dans trois quarts d'heure. Cette région intermédiaire, espèce de marche saharienne, mérite d'être mise à part : là, en effet, commence la datte, qui ne mûrit pas dans le Byzacium, sans que cesse l'olivier, que n'a point le Sahara.

Du fond de la Syrte à Gafsa est une série de bassins clos, communiquant très mal par des coupures profondes. Entre les premières oasis, Oudref et Gabès à l'Est, El-Guettar et Gafsa à l'Ouest, ils forment deux groupes, situés au nord de la chaîne dénudée du Cherb, ceinture septentrionale des Chotts. L'un de ces groupes est tourné vers Gafsa : il fait un cercle entier de vallées convergentes ; l'oued Baïèche en est le collecteur, et, sous le nom d'oued Gourbata, s'échappe par un col au Sud-Est pour aller au Chott-el-Gharsa. L'autre groupe est tourné vers l'Est. Il regarde la Syrte, ou plutôt les sebkhas, qui prennent ses eaux à mi-chemin, Sebkhat-en-Nouail et Sebkhat Mechguig. Chacun de ces bassins s'appelle dans la contrée un *bled,* un « pays ». Leurs bords sont constitués par des montagnes horribles, tranchées de précipices nus; décharnées, abruptes, sinistres, presque partout infranchissables, elles ne montrent aux campagnes que des éboulis de rochers, des à-pic, même des surplombs : la pluie roule comme sur un toit dans leurs effroyables gouttières. L'intérieur de la vallée a ordinairement deux parties, une haute plaine, un ou plusieurs bas-fonds; dans le second groupe, la haute plaine est généralement à l'Est; elle n'est haute que relativement; c'est un coin du plateau syrtique qui va de l'oued Boul à l'oued Akarit. Comme il arrête tout écoulement, la dépression présente presque toujours, contre lui, une petite sebkha, autour de laquelle un marais, ou plutôt une *garaa,* c'est-à-dire un extravasement, existe plusieurs mois de l'année. La plaine haute est désertique; la plaine basse est cultivable, et jadis était cultivée.

Il est facile d'imaginer ce que fut, à l'état vierge, une contrée ainsi bâtie. Il ne faut point chercher ailleurs cette patrie de l'éléphant, du python et du crocodile, que j'y ai signalée ci-dessus. Les descriptions antérieures à la grande colonisation sont sur ce point assez précises. Hérodote, Strabon, Méla même nous ont compté trois zones en partant de la Syrte; nous avons ici la seconde, le pays des forêts et des grands animaux. On revoit bien par la pensée ces cuvettes fermées, couvertes de halliers. Les rayons du soleil n'atteignent pas le sol; l'évaporation n'enlève pas l'humidité, l'eau qui séjourne; et tout n'est qu'un grand marécage recouvert de végétation : ce sont les fourrés du Soudan et de l'Afrique équatoriale. Les oueds, les garaas y offraient autre chose que ces rares lauriers-roses, ces pauvres tamaris, qui maintenant parsèment leurs sables; ce n'étaient certes pas partout des massifs de grands, de précieux végétaux ligneux; mais les roseaux géants, les *kessab,* qu'on ne voit plus que par endroits, devaient s'y balancer en moissons colossales.

Lorsque se fit la colonisation, elle débuta par un défrichement, de proportions extraordinaires. Les arrivants débarrassèrent les fonds : ce fut peut-être une des sources du commerce de bois si actif que fit l'Afrique à l'époque impériale. Avec le fourré disparurent ses gigantesques habitants : la lutte ne dut pas être longue; il fallut reculer de vallée en vallée, ou mourir sous les coups des chasseurs. Le couvert étant supprimé, le desséchement alla tout seul : le soleil y mit vite bon ordre. Mais il restait à protéger la terre de culture obtenue et à en assurer l'arrosement. Il est à croire que les montagnes n'étaient pas nues comme aujourd'hui : leurs flancs, en maints endroits, étaient garnis d'une couche qui n'était point partout stérile. Néanmoins il était évident, d'une part que l'assèchement de plaines si ensoleillées irait jusqu'à l'aridité, et d'autre part que des versants si étrangement escarpés ne pourraient pas, même en partie boisés, retenir assez bien les eaux : d'où descente brusque, ravinement, impaludation des cuvettes. Il fallut donc aménager.

Aussi ces contrées désolées, mais qui ont été florissantes, sont-elles peut-être, dans la Régence, celles où l'on voit le plus de travaux hydrauliques. L'installation se fit suivant un type unique, le type des bassins étant unique aussi. Le système, une fois créé, fut d'application uniforme.

Il était du reste bien simple, tout indiqué par la nature. Il consistait à ne laisser ouverte aucune des gorges des montagnes susceptibles d'amener de l'eau. Probablement les hauts ravins avaient des retenues échelonnées; mais la dénudation est complète, et tout a disparu. Plusieurs des torrents qui courent dans les vallons ont, le long de leurs cours, des barrages d'arrêt, étagés eux aussi, qui retardaient les crues, et parfois des endiguements afin de rendre leur lit fixe, puis, à la gorge inférieure, un barrage réservoir, presque toujours doublé et complété par des fesguias ou citernes pour entreposer l'excédent éventuel. Dans la plaine existaient aussi, certainement, d'autres ouvrages. On y trouve de nombreuses conserves, ou voûtées ou à ciel ouvert, mais destinées principalement à l'eau potable. Surtout il devait y avoir tout un réseau de fossés, conçu pour l'émission et la reprise des eaux; toutefois l'érosion a si fort travaillé qu'on n'en discerne plus grand' chose, sinon aux points de départ, où subsiste ordinairement la digue de prise sur l'oued canalisé. Il est à croire que les petites sebkhas qui sont presque toujours au fond de ces vallées servaient d'égout au résidu : l'évaporation y faisait l'office de régulateur. Leur eau se maintenant très salée, leurs rivages n'étaient point malsains, et les parties soumises par intervalles à l'inondation, sur leurs rives, fournissaient pour les moutons des pâturages meilleurs que les terres arides du plateau.

Ces campagnes furent des îlots, enclos entre des monts sauvages. Chaque bled était un ensemble, avec son système hydraulique, ses chemins, ses constructions qu'on rencontre sur toute la surface, et aussi, à ce qu'il paraît, son administration, sa police. Il ne faut pas oublier, en effet, que nous sommes là en territoire civil : le *limes* militaire est au delà des chotts; et d'ailleurs, même dans ce *limes,* les troupes ne pouvaient pas être absolument éparpillées. Or, dans chacun de ces bassins, on remarque, au passage des cols, aux croisements des chemins, certains bordjs ou maisons de garde. Évidemment tant de réduits appartenaient à une force armée d'un caractère tout local. Ces agglomérations avaient même leurs frontières. Tout défilé ou passage de montagne où peut grimper un cavalier était barré par un mur très solide, ne laissant que la voie d'une bête, qu'il fût ou non gardé par un fortin. Cette précaution est surtout prise aux sentiers qui regardent le Sud : on ne se fiait donc pas trop à la garde des troupes impériales; et on craignait que les Sahariens ne pussent, entre les oasis, franchir rapidement le chott et venir en *harka* jusqu'au delà du Cherb. D'ailleurs les montagnes qui enlacent les terres autrefois peuplées sont tellement inaccessibles, qu'elles donnaient aux brigands du pays un asile presque inviolable.

Ces constructions n'ont rien de commun avec l'aménagement des eaux. J'ai cru devoir les signaler pourtant, à cause de l'état social dont elles portent témoignage. Comme les ouvrages hydrauliques, comme les bâtiments d'exploitation rurale et les centres d'habitation, elles nous montrent que chaque bled était jadis une unité. Aucun d'eux n'a pu se créer, se maintenir, qu'avec un plan d'ensemble, et un seul par vallée. Chacune a donc dû ne former qu'un seul domaine, ou une seule cité, ou une seule confédération, ou un seul syndicat de culture. C'est d'ailleurs seulement ainsi que le médiocre volume d'eau recueilli a pu suffire à tout besoin : c'est un fait reconnu dans la science agricole qu'il en faut plus, sensiblement, à la propriété divisée. Tout concourt à montrer que, là encore, les gens ont fait eux-mêmes sans trop demander à l'État. Ils ont fait beaucoup; et l'espace laissé blanc dans l'atlas de Tissot à l'est et au nord-est de Gafsa, comme vide de cités dénommées dans les textes, se trouve être un de ceux où le labeur ancien a le plus imprimé ses traces [1].

Il ne me reste plus qu'à donner un exemple. On peut prendre presque au hasard : le Bled Segui, le Bled Thalah, le Bled Meknassi, le Bled Haïb, ou le Bled Dreg ; tous sont sur le même modèle. Un de nos officiers topographes, M. Privé, a, il y a dix ans, décrit dans un très bon travail qui sera, je l'espère, présenté au public [2], le plus vaste : le Bled Segui.

Cette vallée est enclose, au Nord, par les montagnes d'El Ayaicha, dans lesquelles s'ouvre la coupure d'El-Hafey ; au Sud, par celles du Cherb et ses prolongements orientaux, que traversent les passages du Khangat Oum-Ali et du Khangat Besbès ; à l'Est, par le Djebel Berda. Entre celui-ci et le Cherb est le thalweg de l'oued Besbès ; entre lui et le massif d'El-Ayaicha est le seuil de Bir Mraboth. Les eaux viennent en somme du Nord et de l'Ouest, et la pente de la plaine est vers l'Est. Mais là, elles n'ont pas d'issue. Le djebel Sidi Mansour, au Nord-Est, et le plateau de Hamlet-el-Babouch, plaine entièrement déserte, à l'Est, ne leur permettent point de passer. Elles s'accumulent dans une garaa, dont le fond est la sebkha de Sidi Mansour. Les montagnes de ceinture, au Nord et au Sud, ont 400 à 600 mètres ; mais le Berda, à l'Ouest, atteint presque 1,100 mètres. Quant à la plaine, son altitude baisse de 150 à 70 mètres. La route de Gabès à Gafsa la traverse de Bir-el-Hamra jusqu'au seuil d'El Mraboth par l'Henchir Mehamla et l'Henchir Zelloudja ; la voie romaine, dont on a des milliaires, y passait également, à 4 milles plus au Sud.

Le chef-lieu de cette vallée est un groupe d'établissements que Tissot [3], d'après Duveyrier, appelle Henchir Segui, et qui, en réalité, se compose de plusieurs groupes de ruines semées sur plus d'une lieue, et dénommés Henchir Guemoudi [4], Henchir-el-Bab, Henchir Zelloudja. Il paraît bien que là était Thasarte. Le *burgum*, petite forteresse de 40 mètres sur 30, était à l'Henchir Guemoudi. Toute la vallée est pleine d'habitations ; mais, en dehors de Tha-

[1] Tissot, *op. laud., Atlas*, n° XIX.

[2] Dans le *Bulletin archéologique du Comité des travaux historiques et scientifiques*.

[3] *Op. laud.*, t. II, p. 656.

[4] On rapprochera naturellement ce nom de celui du Bled Gamouda, mentionné comme pays de riche culture par les écrivains arabes.

sarte, il n'y a guère d'autre bourg que l'Henchir Mehamla, qui est considérable, au sud de la sebkha. Les autres, comme l'Henchir-el-Gha, l'Henchir Sidi Mansour, sont des installations rurales, formées d'un château fort, d'un bordj, près duquel s'élevaient les logements et les constructions nécessaires.

Entre le haut massif du Berda et la muraille à pic du Cherb, la vallée de l'oued Besbès est toute jonchée de ruines. Tous les petits torrents qui tombent des deux montagnes sont munis de barrages, aujourd'hui défoncés; sans eux, ce long couloir eût été une gouttière et submergé à chaque orage. Parmi ces ruines sont celles d'une bourgade, puis, au débouché dans le Bled Segui, l'Henchir-el-Gha et l'Henchir-es-Somaa; l'oued, suffisamment assoupli par les travaux dans sa vallée, arrivait librement dans la plaine de Thasarte.

Il n'en était pas de même des eaux venues du Cherb. Une route suit cette chaîne au Nord, passant l'oued Betoum sur un pont, qui gardait en même temps l'unique défilé du djebel Hafaya. Cette route est un chemin de ronde qui reliait, par le dedans, les trois seules percées de toute cette ligne, pour en assurer la défense. Celui d'Oum Ali est barré par un mur de 1,200 mètres et un petit poste établi sur le bord même du précipice. Celui du Khangat Besbès est barré, lui aussi, par un mur et un bordj. Travaux de défense contre l'homme, travaux de défense contre l'eau marchent de compagnie.

Le massif montueux d'El-Ayaicha est composé de crêtes parallèles, étroites et hautes, dressées comme des murs. Les pluies se réunissent entre elles dans des couloirs et s'échappent par des brèches. Toutes ces brèches étaient garnies. Deux ouvrages particulièrement sont représentés par leurs ruines. Sur l'oued Bou Riga, un barrage aqueduc; sur l'oued Kessob, au-dessous des restes d'une vieille ville berbère, dites « Fguira-mta-Halima », le même aqueduc passe de même sur la coupure d'El-Hafey; et, à 3 kilomètres en plaine, le lit de l'oued conserve encore une partie de sa digue de prise d'eau.

A l'Est, au pied de Sidi Mansour, un seuil assez peu élevé longe le plateau de Hamlet-el-Babouch et permet d'aller aisément jusqu'à l'est du Bled Thalah. Là, au nord de la garaa, au bord du grand plateau désert, était un gros établissement, avec un bordj considérable. Au sud de la garaa, c'est l'Henchir Ghoda et une série d'habitations tout le long des collines suivantes.

Ainsi le Bled Segui, en grand, donne le type de ces plaines closes, tout environnées de travaux, où les trouées des monts sont fermées soigneusement. Les vallées qui entourent de loin la plaine d'Amra et de Gafsa, espace désertique, offrent des vestiges semblables. Le Bled Thalah est dans le même cas, avec sa digue au défilé de Mech; le Bled Haib, en plus petit, et surtout le Bled Meknassi, où l'oued du même nom présente, depuis sa source jusqu'au fond de la plaine, six barrages échelonnés sur une vingtaine de kilomètres, et plusieurs digues et prises d'eau, dont l'une, sur la rive gauche, commande un réservoir maçonné pour les eaux du Djebel Krouma, et la dernière, au Ksar-el-Ahmar, servait de tête aux irrigations.

Tel était l'aménagement de ces vallées presque annulaires qui font une part du Byzacium. J'ai voulu l'expliquer en détail, parce qu'il est fort peu connu et qu'il complète, pour le Sud, ce que l'exemple de l'Enfida et la comparaison avec les régions plus voisines du littoral ont fait voir dans toute la Régence. C'est, sur de moindres proportions, une réplique à plusieurs exemplaires de la conception qui aurait été, en Algérie, réalisée dans le Hodna.

Passé Gabès commence l'Arad, confin extrême de la Régence. Il s'allonge jusqu'à l'oued Mokta, frontière de Tripolitaine. C'est une plaine d'alluvions, que surmontent à l'Ouest des sommets entièrement dépouillés et à pic. De profonds ravins la découpent. Les pluies sont encore plus rares et moins espacées que dans le Nord. Leur produit se déverse du haut de ces chaînes abruptes, derrière lesquelles est le désert. Autrefois tout entier cultivé, ce pays l'est à peine çà et là; mais lui aussi possède côte à côte l'olivier et le dattier à fruits. Il est aujourd'hui à peu près abandonné aux nomades; mais il fut une contrée riche, habitée et bien mise en œuvre : les ruines y sont très nombreuses. De la mer jusqu'au pied des cimes où s'élèvent Douirat, Ghomerassen, Tamzaght, c'était une région agricole, centre d'exploitation intense, entre les oasis au Nord et le désert Garamantique au Sud. Aussi, comme dans tous les pays jadis cultivés de l'Afrique, les travaux hydrauliques s'y voient à chaque pas. Ils réussissaient à saisir tout ce qui découlait des hauteurs et ne laissaient pas se creuser les tranchées qui sont nées depuis.

Profiter des ondulations que ce sol présente pour répandre dans les cultures cette manne peu abondante et qu'il faut économiser, c'était là le but des barrages tels que celui que j'ai vu sur l'oued El-Hamma, en amont des Aquæ Tacapitanæ. C'est ce que firent ailleurs les *Menafes* (émissaires), qui fonctionnaient auprès de l'ancienne Augarmi (Ksar Kouti). M. le docteur Carton les a soigneusement étudiés[1].

C'est une conception semblable aux travaux de l'oued Kastela. Mais la nature du pays avait conduit à leur donner un développement autre. Les ouvrages de distribution se répètent à chaque portion d'un terrain divisé par étages; l'irrigation ne peut se faire comme dans la plaine de l'Enfida : chacun de ces étages est un bassin fermé, et la reprise des eaux s'opère par l'émission de l'un dans l'autre comme dans des carrés de jardin.

Ce sont les eaux de l'oued El-Hallouf qui sont ainsi aménagées. Cet oued coule parallèlement à une série de collines au bout desquelles est Augarmi, à une distance de deux lieues; cette surface intermédiaire était l'espace à irriguer. Les anciens avait barré l'oued à l'entrée même de cette plaine, au pied de la colline dite « Semlet-el-Ben », en amont de laquelle il reçoit un gros affluent, l'oued Negueh. Le barrage est un déversoir : large de 2 mètres, il est fait d'un blocage très dur, composé de galets pris dans le lit du fleuve. Il est oblique, long de 150 mètres et voisin d'un tournant qui amortissait le courant. Il déversait les eaux sur la rive gauche. Une partie, prise par un aqueduc, s'en allait à flanc de coteau, en franchissant de petites vallées, abreuver les gens d'Augarmi. Le reste, la plus grosse part, servait à l'irrigation.

Elle pénétrait d'abord dans une première cuvette, aménagée en réservoir. C'est une dépression ovale entourée par des monticules, longue de 100 mètres et large de 200. Le déversoir y mène les eaux. Entre ces deux monticules et bien dans l'axe du courant était un déchargeoir, formé d'une forte digue. Épaisse de 20 mètres, celle-ci était percée de trois grandes voûtes garnies de vannes, dont les pieds-droits et les rainures se voient encore. L'eau devait s'y précipiter avec son maximum de force lorsqu'on lui ouvrait ce passage, et y engouffrer avec elle les matériaux de transport, prévenant ainsi l'envasement; les troubles émises par là retournaient à

---

[1] *Bull. arch. du Comité*, 1888, p. 450-462, avec figures.

l'oued El-Hallouf. C'était à la fois un trop-plein et un appareil de
curage. L'eau destinée à l'usage sortait de ce premier bassin par un
canal pourvu de quais maçonnés, et, franchissant un petit col,
entrait dans la plaine d'Augarmi.

Cette étendue, en pente de l'Ouest à l'Est parallèlement au cours
de l'oued, a aussi une pente légère du Nord au Sud, des collines
au torrent. Il fallait empêcher les eaux d'aller rejoindre celui-ci.
Aussi la plaine est-elle divisée en compartiments étagés, tous d'un
type assez uniforme. A la partie supérieure, une digue contient
les vannes d'admission. Au Sud, du côté de l'oued, un batardeau
de 2 mètres environ continue le barrage, s'appuyant aux monticules que le terrain présente. A l'Ouest, seconde digue, maçonnée
au moins en partie, contenant les vannes d'émission. Dans l'angle
entre le batardeau et cette digue inférieure, un déchargeoir à plusieurs vannes qui regarde l'oued El-Hallouf. Il y a cinq compartiments, le premier sans vannage en haut, recevant les eaux du

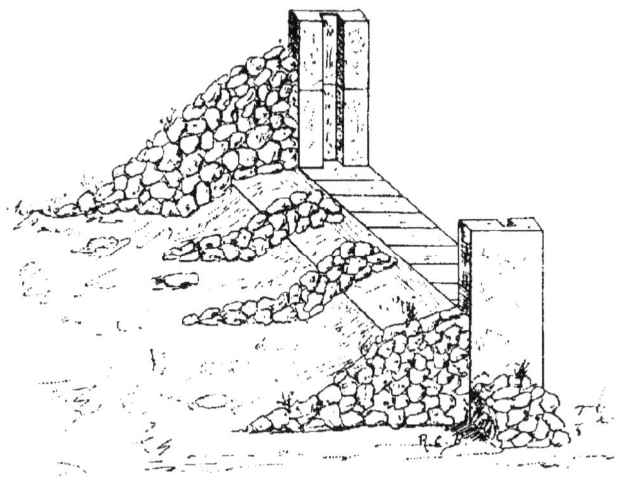

Restes d'une martellière à l'oued El - Hallouf,
d'après un croquis de M. le Dr Carton.

canal, le dernier sans digue par le bas, laissant fuir ce qui reste
après l'irrigation. Tous n'ont pas le déchargeoir, du moins visible
dans l'état actuel. L'arrangement de chaque bassin varie suivant

des causes qui maintenant ne se peuvent reconnaître, mais sans sortir du modèle commun.

Les vannages sont, pour une partie, des martellières semblables à celles de l'oued Kastela. M. Carton a eu la bonne fortune de retrouver dans plusieurs le seuil, les montants monolithes et le radier en place. D'autres de ces appareils, vu leurs dimensions et leur forme, me paraissent décidément n'avoir pas eu d'empellements. Au lieu de ceux-ci, on glissait de grosses planches ou des madriers dans les rainures des pieds-droits. Ce système très économique, très commode et très résistant, connu depuis les Égyptiens, s'emploie encore à la campagne quand on ne s'adresse pas à une trop grande profondeur de bief [1].

M. Carton, décrit ensuite [2] d'autres travaux, non moins précieux, existant dans les mêmes environs. Mais ce traitement de l'oued El-Hallouf, comme celui de l'oued El-Hamma, rappelle de très près ce que le capitaine Ragot avait observé à l'oued Djedi; les Ziban et l'Arad étaient dans des conditions analogues; c'est la même zone, la marche du Sahara [3].

CONCLUSION.

En présence de tant de faits, que devons-nous conclure? Que l'aménagement de l'eau est bien la loi universelle dans les cam-

[1] Il est presque seul employé en Chine pour les écluses des canaux. Je l'ai vu appliqué en France, notamment dans le Val-de-Cuges (Bouches-du-Rhône), qui présente la disposition générale de ces vallées voisines des Chotts, et qui, par des barrages s'ouvrant de cette manière, s'empare des eaux des montagnes pour les jeter dans de vrais catavothres, par où elles vont infiltrer le sous-sol.

[2] *Ibid.*, p. 462-464.

[3] 1895. Pendant l'impression de ce rapport, le récit de la mission de M. Lecoy de La Marche dans l'Arad vient m'apporter l'indication de très considérables travaux dans des régions que je n'ai pas vues. Tous les thalwegs qui sillonnent ces pays paraissent avoir été aménagés comme ceux que nous connaissions déjà. Voici notamment l'oued Mrabtin, et surtout l'oued Bel-Recheb, entre l'oued Fessi et l'oued Mokta, sur lequel «un immense barrage, destiné à retenir les eaux de pluie et à les distribuer régulièrement sur une région plus basse», s'étend en travers du lit jusqu'à mi-hauteur des coteaux de ses rives, avec un développement total de 1,000 mètres environ et 2 m. 50 d'épaisseur de maçonnerie, fermant une cuvette de 1 kilomètre de diamètre environ, d'où les eaux étaient déversées dans deux vallées inférieures. *Bull. arch. du Comité*, 1895, p. 128-129.

pagnes africaines. Nulle part, on n'a prétendu les mettre sans lui en valeur. Dans les régions où je l'étudie, il n'a rien de particulier ; il n'est ni plus beau, ni plus complet qu'ailleurs. Aussi bien que dans l'Enfida, nous venons de le voir dans les cantons voisins, dans le centre de la Tunisie, dans la vallée de la Medjerda, sur la frontière de l'Algérie et dans les provinces algériennes, dans le Byzacium, dans le sud, dans l'extrême sud, jusque dans le Sahara. Et encore n'ai-je pris ici, et exposé, qu'une de ses formes, celle qui donne son cadre général. J'ai uniquement étudié la captation de l'eau *par retenue et dérivation,* et sa répartition par digues et canaux. Mais sa distribution par aqueducs, mais son économie par conserves ne sont ni moins curieuses ni moins universelles, et là les monuments se chiffrent par milliers. Dans le milieu de la Régence, on ne va pas deux heures sans trouver des bassins de toutes formes, parfois très grands, dans des endroits arides, qui cependant alors étaient alimentés. Ajoutons-y les conduites de tout genre, les sources captées, les citernes, innombrables dans les campagnes tout aussi bien que dans les villes, les fontaines, les myriades de puits qui sont creusés partout, et nous serons émerveillés de cette profusion de travaux hydrauliques. Et tous ces travaux ont duré pendant des siècles et des siècles. Probablement ébauchés en partie par les Libyens agriculteurs, plus largement esquissés dans la suite, ou solidement exécutés sur les grands domaines de rapport par les planteurs carthaginois, ils se complétèrent partout avec l'occupation romaine. Dans cette longue marche progressive que suivit la province d'Afrique pendant trois siècles après Jésus-Christ, ils représentèrent partout le premier pas de la conquête rurale. L'aménagement de l'eau correspondit partout à la création de chaque centre, en assurant tout de suite l'avenir. Le maximum de prospérité, de peuplement, de bien-être en Afrique est l'époque du maximum de développement, d'entretien du système et, chez les gens, d'habileté pratique, d'intelligence des procédés. Tant que l'Afrique fut en paix, cultivée et florissante, barrages et canaux furent l'objet de soins. Le pays ne fut dépeuplé que par des guerres interminables, et la conquête arabe l'acheva. L'abandon ruina les travaux. Remise en liberté, la nature malfaisante agit. Elle reprit sa sauvagerie, détruisit les derniers obstacles, et la productive Afrique devint le triste beylik de Tunis.

IV

CONSÉQUENCES D'UNE PAREILLE ÉTUDE.

Si les faits relatés dans les pages qui précèdent ont paru sûrement établis, si leur conclusion est juste, il en ressort des conséquences qui ne sont pas indifférentes.

La première, c'est le principe même où conduit l'analyse de l'aménagement. Ce principe absolu, fruit de l'expérience, pourra se formuler ainsi : *Que pas une goutte de l'eau qui court ne soit abandonnée à elle-même.* C'est lui qu'on appliqua partout. De lui dérive tout le labeur que l'exploration nous révèle. L'idéal poursuivi, c'est que pas une rivière, pas un ruisseau, pas un vallon, pas un ravin ne soit en état tel que l'eau se précipite lorsque viennent les pluies, et se hâte de fuir à la mer, laissant son terrain de parcours à la fois sec et bouleversé. Il s'en est fallu d'assez peu que ce résultat fût atteint. Si, quelque part, il ne l'est pas au point de vue purement théorique, c'est qu'une satisfaction de cet ordre importait peu aux campagnards, aux communes, aux propriétaires. Du moins ce qui était utile fut, en bien des lieux, réalisé, et le problème résolu adéquatement dans la pratique.

N'allons pas croire, je le répète, qu'un pareil idéal soit né un beau matin dans le cerveau d'un homme à grandes vues, ou qu'il ait été apporté par une race particulière de colons. On n'a certes point entrepris l'aménagement systématique des eaux, pas plus qu'on n'avait, au début, un plan systématique de culture. Seulement, le besoin de chaque jour traçant à chaque jour sa tâche, on a fini par ne laisser nulle part l'eau courante livrée à elle-même, de même qu'on n'a laissé nulle part la terre à l'état d'abandon. Sans doute, comme il arrive toujours, on commença par le facile : tandis que l'indigène barbare conduisait ses troupeaux errants, l'industrieux colon, établi sur les côtes, ne travailla la terre qu'à l'entour de ses murs; encore longtemps après la conquête de l'intérieur commencée, on ne mit en valeur que ce qui n'exigeait ni travaux spéciaux sur le sol, ni lutte ardue avec les eaux. Mais ces espaces furent tous remplis, mais ces cultures ne suffirent plus, mais le peuple sédentaire s'accrut. On dut alors, de proche en proche, s'emparer de la nature entière. Ici, pour établir la ferme, il fallut lui fournir à boire; là, pour planter une bourgade, il fallut assurer l'arrosage de ses vergers et de ses potagers. Pour demeurer le maître de sa plaine, l'agriculteur fut forcé de la défendre contre les torrents qu'y versaient les montagnes environnantes; et d'autre part, pour que le terrain donnât fruits, moissons ou vigne, il eut besoin de diriger, de répartir, d'économiser cette même eau. Il fut conduit à lever les yeux vers les hautes vallées et les monts, à l'y suivre, à la saisir sur tout son cours; l'aménagement d'ensemble fut une nécessité des petits aménagements locaux. C'est ainsi que, de jour en jour, on réduisit l'eau, comme la terre, comme les habitants, à servir; on domestiqua, si je puis dire, cet élément que la nature fournissait sauvage, capricieux.

La conquête de l'eau a été une part de la conquête rurale du pays. Voici à quoi, avec les siècles, à travers l'âge carthaginois et l'âge romain, elle aboutit. Voici, du moins, son aspect théorique; il correspond à la réalité dans les lieux où l'occupation agricole fut très complète.

En montagne, excepté peut-être dans les parties de la première région où les grandes forêts suffisaient à la tâche, les ravins sont garnis de terrasses de retenue, généralement étagées en paliers, qui ne permettent pas au liquide d'y partir en chute et règlent le débit des collecteurs.

Partout, les points d'habitation situés auprès d'un oued ont leur barrage approprié à leurs besoins; cet ensemble fait de la vallée une succession de longs gradins, que l'eau franchit paisiblement, lentement, imbibant les terres et fractionnée par mille usages.

A leur entrée en plaine, les oueds trouvent des barrages, réservoirs et distributeurs qui les mènent, à peu près domptés, dans les canaux d'irrigation, ou dans des bassins d'expansion qu'ils arrosent successivement.

Dans les vallées fermées, si fréquentes au sud, une ceinture de défense arrête et prend ce qui descend des monts, et le livre à d'autres organes qui le répartissent utilement.

Rarement la nature est laissée au jeu aveugle de ses forces; le régime des eaux courantes tend à devenir artificiel.

Un nombre restreint de travaux a seul pour origine l'initiative publique. Dus à l'empire, à la province, aux libéralités des princes, aux ressources des grandes villes, ce ne sont que des accidents dans le phénomène général. L'immense majorité de ces humbles ouvrages, dont l'ensemble devient imposant, est issue des besoins locaux, de l'industrie individuelle, municipale, seigneuriale : c'est l'œuvre du labeur privé.

On ne leur a pas accordé jusqu'ici toute l'attention qu'ils méritent, la place à laquelle ils ont droit dans l'histoire de la contrée. C'est pourquoi j'ai fait cette enquête sur leur répartition, leur rôle, leurs lois. Pour si peu que l'on réfléchisse aux résultats qu'elle a produits, elle ne paraîtra pas stérile.

Et d'abord, rien n'est consolant comme la vue de ces monuments.

En effet, nous avons trouvé que le régime météorologique n'a pas immensément changé, que l'influence du déboisement, si grande qu'elle soit, a ses limites, et que c'est à peu près la seule qui se soit exercée en ce sens. La présence de vastes forêts augmentait très certainement la somme des pluies annuelles; mais elle n'avait pas le pouvoir de les répartir autrement. C'est pourquoi, aux yeux des anciens, l'Afrique, semée de pays boisés, paraissait pauvre en eaux [1]. Cette pénurie tenait, comme à présent, bien moins à la rareté des pluies qu'à leur concentration sur une seule saison.

Il y a donc toujours eu moins d'eau bienfaisante en Afrique qu'en Europe, et il y en a moins maintenant qu'autrefois. Mais ce qu'il y en a peut suffire. Ce qu'il y en avait a suffi pour cultiver tout le territoire et y nourrir infiniment plus de monde. Même la production dépassait les besoins : on recueillait un excédent énorme, on concourait à alimenter Rome. Ce n'est pas tant l'avarice du ciel que la paresse des humains qu'il faut avant tout mettre en cause. Moins on a d'eau, et plus il semblerait qu'on dût veiller à n'en rien perdre.

Les travaux hydrauliques étaient une condition de cette prospérité. Leurs effets se faisaient sentir d'une façon universelle. L'ar-

[1] Nous avons dû combattre sur ce point les exagérations de plusieurs auteurs et invoquer ceux qui disent le contraire. Mais le témoignage de Timée, que Polybe prend soin de réfuter (XII, 3), reflète l'opinion courante en Grèce à une époque où la Libye avait bien plus de bois qu'aujourd'hui.

rosage méthodique des terres n'est point l'unique résultat qu'un tel aménagement produise. On sait comme il est désirable que la surface d'une contrée ne soit pas trop bouleversée. La place et l'importance relative des terrains, la répartition des cultures, l'habitation des hommes dans les campagnes, la position et l'entretien des voies, tout est connexe, dépendant des formes et de la nature du sol. Il est entièrement nécessaire que la disposition première suivant laquelle s'est faite l'installation humaine ne soit pas modifiée trop vite, ni au hasard, ni contrairement aux intérêts des occupants. Les eaux libres sont le grand agent de la transformation des terres. Il importe qu'elles n'opèrent pas brutalement, comme c'est trop fréquemment le cas. Leur réglage avait pour résultat d'empêcher ces actions violentes, qui détruisent tous les travaux, changent la face des campagnes et laissent à l'agriculteur l'éternelle crainte du lendemain. Grâce à cette œuvre, non seulement tout le sol était humecté, mais rien n'en était déplacé. Combinée avec le boisement d'une grande partie des montagnes, boisement qu'elle aidait à maintenir, elle donnait au relief du pays un caractère de fixité qu'il a, en trop d'endroits, perdu. La dénudation des parties supérieures était ou empêchée, ou très fort ralentie. Le ravinement des plaines et des vallées, le colmatage du lit des fleuves étaient prévenus ou réduits à des proportions acceptables. Dans les régions inférieures, l'apport des troubles, qui défigure les côtes, qui égare les embouchures, qui remblaie les bassins des ports était grandement diminué.

Il ne faut pas exagérer des bienfaits déjà si marqués. Les barrages n'ont pas empêché le comblement du golfe d'Utique; ils ne supprimaient pas les inondations; ils n'avaient point créé un paradis terrestre. Mais, dans les proportions très larges où leur action s'exerçait, ils dominaient les phénomènes dus au mouvement des eaux courantes, les dirigeant autant que l'homme peut le faire. On risquerait de se décourager si l'on croyait que l'établissement ancien avait là son unique base, qu'on ne peut rien tenter, espérer nul succès tant que cet immense organisme n'aura pas été rétabli. Il est certain qu'il constitue, pour la future colonisation, un précédent dont on doit tenir compte, à mon sens un exemple à suivre. Mais on ne doit pas perdre de vue qu'il ne s'est pas fait en un jour. Il s'est élargi, complété à mesure que la population, que la culture devenaient plus denses. Il leur a permis de grandir, et il a

grandi avec elles. S'il ne se fût pas développé, elles n'auraient pas pu acquérir l'intensité qu'elles ont atteintes; mais si elles fussent demeurées moindres, il n'eût pas été nécessaire, au moins dans de telles conditions. Il n'est indispensable partout que si partout la terre est habitée et mise en demeure de produire. Des créations plus restreintes, faites à meilleur marché, peuvent suffire très longtemps. Elles amèneront à leur heure, en même temps que des exigences nouvelles, les moyens de les satisfaire. La résurrection de l'état ancien apparaît comme une limite, vers laquelle on doit sûrement tendre; mais, entre elle et l'état actuel, il y a de nombreuses étapes où l'on peut fort bien séjourner.

Il est d'ailleurs certains progrès réalisables tout de suite, ou du moins sans autres moyens que ceux dont nous disposons. La question forestière, un des deux termes du problème, n'offre théoriquement aucune difficulté. On peut aisément concevoir que le ravage de ce qui reste soit empêché : immédiatement alors, comme je l'ai vu en tant de lieux, nombre de crêtes et de pentes se recouvrent, rien qu'avec les éléments actuels. Quant aux reboisements, on les fait à merveille; malheureusement, ils coûtent cher. Mais, en somme, il n'y a rien là qui paraisse décourageant.

La connaissance du passé et l'examen de ses monuments donneraient lieu à suite d'observations infinie.

Par exemple, la vue du travail qui s'est imposé aux anciens devra induire les modernes à mettre une certaine prudence dans le choix de leurs emplacements. Fou qui, dans l'état actuel, et s'il ne peut le modifier, ira tenter la grande culture des céréales dans l'intérieur du Byzacium! Même ailleurs, il est évident que, si les plaines, dans les bonnes années, portent des récoltes splendides, en revanche, dans les années sèches, ce sont elles qui souffriront : vallons et collines à relief modéré recueilleront ce qu'il y aura de pluie, et à eux seuls l'absorberont.

Chacun peut faire, en courant le pays, bien des remarques de ce genre. En voici une qui appelle réflexion.

On voit toujours avec une peine extrême le colon possesseur d'un petit capital le mettre tout entier dans une terre et se ruiner en peu d'années. Dans quelques cas sa ruine eût été évitée s'il lui avait été donné d'aménager ses eaux. Parfois celles-ci n'appartiennent pas tout entières à son domaine: elles le traversent seulement, venues d'ailleurs, allant plus loin. D'autres fois, il n'a pu, avec ses médiocres ressources, entreprendre les travaux, même peu coûteux, même temporaires, les seules ébauches que la situation exigeait. Les ouvrages anciens ne furent pas le produit d'efforts isolés. Ils 'ont été exécutés par des pouvoirs collectifs ou par des associations. Tantôt un grand propriétaire, un seigneur de domaines immenses, qui ne faisaient qu'une part de son avoir, un prince de la famille souveraine, un empereur même — car, en Afrique, les grandes possessions furent beaucoup dans des mains impériales — y appliquait des capitaux dont la source, presque inépuisable, était ailleurs. Tantôt les occupants du sol, villes, bourgades, particuliers, s'unissaient pour tenter par eux-mêmes les opérations urgentes. Il ne faut pas se le dissimuler, la colonisation n'a d'avenir que pour quiconque peut en courir les risques, c'est-à-dire n'attend pas pour vivre le revenu prochain du premier capital. Columelle l'a bien dit : « En matière de travaux, la science et la volonté ne suffisent pas sans le capital [1]. » Or, en Afrique, pour la mise en œuvre totale, il n'y a point de lendemain sûr sans l'aménagement des eaux. L'agriculteur sera à la merci d'une pluie qu'il espère au mois de mai, si la terre n'a pas été bien profondément imbibée, si elle n'a pas fait sa réserve; à la merci des crues d'hiver, si les rivières qui les charrient se déchaînent sans aucun frein.

Mais, pour réaliser cet aménagement, il faut deux choses, ou au moins l'une des deux : beaucoup de bras, beaucoup d'argent. Cette œuvre est donc inaccessible à la petite colonisation individuelle, dont l'échec est d'ailleurs général en Afrique. Seuls les solides capitalistes, les syndicats, les compagnies pourront lui frayer le chemin : à eux seuls appartient la période de début et de création. La mise en valeur complète du pays doit commencer par une phase latifundiaire. Les anciens en étaient à ce point au 1ᵉʳ siècle de notre ère, alors que six propriétaires tenaient la moitié de la province [2]. Ce régime, qui avait amené la décadence du Latium, favorisa la croissance de l'Afrique. Le spectacle de ce qui s'y fit prouve qu'il fut appliqué partout, au moins dans le principe : la vie romaine était si entièrement fondée sur l'association, que

[1] Col., I, 1.
[2] Plin, *H. N.*, XVIII, 7.

nulle part l'effort ne fut isolé, partiel, borné; arrivant en groupes naturels, ou groupés dès la formation, les petits eux-mêmes purent agir comme les gros, et suivant les mêmes principes.

En dehors de cette voie, il n'en est qu'une seule. C'est que l'État soit le grand propriétaire, le grand capitaliste, le grand fondateur initial. Ce n'était point la manière romaine. On sait où s'arrêtait la mise de l'État, même en cas d' *colonia deducta;* et, surtout à l'âge impérial, ce ne fut point ainsi que marchèrent les choses. Les Romains dans l'antiquité, les Anglais dans les temps modernes ne lui ont guère demandé que paix et protection. Dans nos nouvelles possessions, nous nous habituons, au contraire, à compter avant tout sur lui; et, comme il n'est pas vrai qu'il doive ou puisse tout faire, en général nous échouons; à aucun point de vue, dans aucune de ses œuvres, la colonisation officielle n'a jusqu'à présent réussi.

Dans tous les cas, une telle question est en dehors de notre étude.

Je n'ai pas non plus qualité pour dire ce que serait l'exécution technique. Si jamais cette nouvelle conquête est entreprise, nos ingénieurs lui fourniront brillamment sa formule.

Je ne pense pourtant pas nuire en leur soumettant une remarque : c'est que la pratique des anciens peut n'être pas à dédaigner. Les ouvrages de leurs mains présentent des garanties que n'ont pas toujours nos projets : ils ont été exécutés, ils ont servi, ils ont duré. Une des raisons en est peut-être que leurs auteurs avaient moins de confiance dans leur science et dans leurs forces, et s'en tenaient aux solutions simples, fruit d'une patiente observation. La nature obéit à ceux qui prennent la peine de l'étudier : heureusement pour notre espèce, la conception des travaux est plus affaire de bon sens que d'école.

Dans ce domaine, sur la terre d'Afrique, nous ne comptons guère que désastres, surtout en matière d'hydraulique. Pour ne parler que des barrages, notre génie civil en a construit neuf grands, savoir : huit réservoirs et une digue de dérivation. Ce sont de belles œuvres, mais qui sont un peu chères : celui de l'Habra coûte 5,700,000 francs, et son eau revient à o fr. 18 le mètre cube; celui du Hamiz a coûté 5 millions, et son eau devrait se payer o fr. 3o; celui de Marengo n'est qu'en terre, et c'est le seul qui fonctionne bien, mais l'eau revient au prix invraisemblable de o fr. 45; la digue du Cheliff, commencée en 1868, est un ouvrage de Pénélope: on ne cesse d'y mettre la main, et elle est toujours avariée. Ces travaux ont encore un autre inconvénient: aucun d'eux n'a donné ce qu'on avait annoncé, et presque aucun n'a tenu bon. Trois sont inactifs, un pour cause de fuites, deux par suite d'envasement; tous les autres ont été emportés. Quand ils passent vingt ou trente ans, c'est merveille; la plupart vivent beaucoup moins, un même n'a subsisté qu'un mois. Sans doute, la nature africaine est d'une rare brusquerie. Tel fleuve, le Cheliff par exemple, débitera ordinairement 3 à 4 mètres cubes à la seconde, un maximum de 5o à 6o l'hiver, un minimum de 1,5oo litres l'été; et il va donner, dans une crue, plus de 1,5oo mètres à la seconde, cinq cents fois son débit moyen! Mais une excuse, fût-elle légitime, ne répare pas une défaite. « L'ingénieur, écrit un ingénieur, ne saurait être surpris: il *doit* réussir, et non à coups d'argent, mais le plus économiquement possible. Les échecs éprouvés dans l'établissement des retenues d'eau en Algérie font plus pour retarder les progrès de la colonisation que le climat et une législation défectueuse. »

Ces paroles, que je tiens à laisser sous la haute autorité de l'auteur[1], sont-elles l'expression du vrai? Alors il faudrait, semble-t-il, ne plus, si on le peut, jouer la difficulté. Car, surpris, on le sera toujours, quelques précautions que l'on prenne, en attaquant ainsi le problème à rebours. Ce n'est pas dans leur cours inférieur que l'on se rend maître des fleuves; ce n'est pas non plus en remontant qu'on aménage une vallée; on sera forcément vaincu dans une lutte trop inégale. Tant qu'on n'aura rien fait pour atténuer les crues, — et les moyens ne manquent pas, et les classiques de la partie enseignent justement ce qu'ont fait nos Libyens [2], — on n'obtiendra pas de sûreté pour les ouvrages hydrauliques, on n'aura point d'arrosage

[1] Elles sont extraites de l'ouvrage d'un membre du Conseil supérieur de l'agriculture, M. A. Ronna, *Les Irrigations* (3 vol. in-8°, Paris, Didot. 1888-1890, t. I, p. 46). Toute la science et la pratique modernes du monde entier sont condensées en cet excellent livre, soutenues par une connaissance remarquable de l'historique des questions et exposées avec une rigoureuse indépendance d'idées et avec des vues personnelles aussi variées que justes.

[2] Voir, par exemple, Polonceau, *Note sur les débordements des fleuves*, et tous, avant et depuis lui.

normal, on sera menacé, inondé, ruiné, noyé l'hiver, et on chômera d'eau l'été.

Mais cette face de la question n'est pas celle que j'envisage. Puisque l'échec de notre mainmise sur l'eau constitue un si grand obstacle, le succès de celle des anciens a dû être un puissant secours dans cette marche où ils nous précèdent. Puisque, d'ailleurs, ce qu'ils ont fait, si du moins je l'ai bien compris, apparaît conforme aux données de l'observation, de la science, puisque enfin leur système a eu la consécration de l'expérience, il peut sembler que le problème est théoriquement résolu; et je conclurai en disant : Le plan d'ensemble à adopter est le leur. L'aménagement des eaux courantes doit précéder, et non pas suivre, l'occupation agricole du pays. Le réglage du débit des cours d'eau par le boisement des montagnes et la mise en état des ravins et vallons doit être le point de départ. La suppression de toute eau errante, soustraite à notre économie, doit être le point d'arrivée. Il ne faut pas, dans ce pays où le sol n'attend pour produire que d'être abreuvé à sa soif, perdre une goutte de liquide.

Convient-il à présent, conviendra-t-il plus tard, d'effectuer cette vaste opération? La proposera-t-on comme exemple? La poursuivra-t-on comme but? L'essaiera-t-on partiellement? Ou vaut-il mieux y renoncer, et suivre au jour le jour les errements actuels? C'est affaire aux économistes, c'est affaire aux hommes d'État de savoir ce qu'il faut résoudre. La tâche de l'historien, la nôtre, c'est de montrer ce qui a été.

Enfidaville et Tunis, 1889-1890.

D

DE QUELQUES THÉORIES ÉMISES SUR LE SUJET
QUI NOUS OCCUPE.

Les pages qui précèdent, écrites depuis des années, sont consacrées, on l'a vu, en partie à réfuter une opinion soutenue par quelques-uns de nos devanciers, et malheureusement courante en Algérie. C'est que, depuis l'antiquité, le pays a subi un dessèchement considérable. On a vu qu'il n'en est rien. Ce phénomène ne s'est produit que dans le Sud, dans le Sahara, les Hauts-Plateaux oranais et certaines régions, telles que le Sersou, les Ziban, qui participent de la nature saharienne; les causes sont rarement visibles, mais le fait même est évident. Partout ailleurs, la terre est la même, le ciel aussi; il tombe à peu près autant d'eau que jadis; l'état hygrométrique n'a varié que dans la même proportion que la végétation arborescente.

Ici intervient un autre préjugé, suivant lequel le grand changement serait dû au déboisement. Je l'ai également contredit. Il faut, en Afrique plus qu'ailleurs, tenir compte des divers peuplements. A ce point de vue, rien n'a changé : si l'abondance n'est plus aussi remarquable, la répartition est la même. La région nord a été de tout temps celle des forêts de chênes-liège et de chênes zéen; dans le centre, elles se sont rencontrées avec les pistachiers divers, les résineux et les gommiers; dans le sud, les thuyas et les genévriers existaient presque seuls, comme on le voit encore. A peu près partout, la broussaille a couvert tout ce qu'on lui laissait. Mais le boisement ou le déboisement ne peuvent modifier qu'assez peu la tenue superficielle du sol sur les plateaux, et même dans les plaines. S'ils agissent énormément sur l'humidité relative de l'air, il y a des espèces de cultures sur lesquelles cette humidité, au moins dans certaines limites, n'a guère d'action, et ce sont celles que les anciens avaient développées. Où leur influence est majeure, c'est sur les pentes, que l'eau courante dénude, et sur les fleuves, dont le vêtement forestier règle incontestablement les crues. Mais ni la haute futaie, ni même le peuplement arborescent ne sont indispensables pour cet usage : une calotte fourrée de broussaille, de taillis sur les têtes des collines, un manteau épais de même nature sur le flanc des montagnes, suffiraient admirablement, dans un aménagement idéal, à remplir ce rôle important. Et ce rôle ne fut pas rempli, au moins après l'époque primitive, dans certaines régions, comme beaucoup des montagnes du Byzacium et comme une bonne partie du Sud, où la terre ne tolérait déjà qu'une forêt assez clairsemée. La disparition de celle-ci est un mal, mais elle n'a pu opérer seule la révolution qu'on observe. L'état ancien était dû, pour une part, à l'appropriation des cultures aux conditions de chaque contrée, pour le reste à l'aménagement artificiel des eaux courantes.

Une observation attentive des erreurs relevées ci-dessus a fait naître une nouvelle théorie, que, très exacte dans son ensemble, je craindrais cependant de voir poussée trop loin. Elle mènerait à des affirmations à peine moins fausses que l'opinion contraire. De ce qu'il ne s'est pas produit, dans le climat de la Barbarie, dans la quantité de ses pluies et dans leur distribution, dans le régime de ses cours d'eau, dans son hydrographie, dans son hygrométrie, la transformation radicale que l'on avait imaginée, il ne faut pas aller conclure que rien n'y est changé du tout. De ce que le déboisement n'est pas l'auteur responsable et unique de la décadence du pays, il ne faut pas réduire à rien ses conséquences malheureuses; de ce qu'il n'a pas dû se manifester partout, et de ce qu'il n'a point été aussi gigantesque qu'on l'a cru, il ne faut pas non plus le nier. De ce que les travaux hydrauliques dont les restes parsèment l'ancien Byzacium n'avaient pas pour objet, et ne pouvaient avoir pour résultat, l'irrigation générale de cette vaste contrée, il ne s'ensuit point qu'ils ne soient pas pour une forte part dans sa mise en valeur. Il y a quelque exagération à dire que leur seul but était l'alimentation des lieux habités; car ils s'adressent fort souvent à des oueds aux eaux impotables. On va un peu loin quand on écrit que l'arrosage des jardins et de la banlieue des centres n'était que rarement leur office; ceux d'entre eux qui attaquent l'eau courante, qui ne sont pas des citernes, des bassins, ont, au contraire, manifestement, presque toujours l'irrigation pour objet. Il ne faut pas laisser entendre que le cours vague des torrents, les phénomènes d'érosion, le ravinement, toutes les conséquences des grosses eaux et des inondations n'ont pas eu une grande importance. C'est bien pour garantir Gafsa que l'oued Baïèche était muni d'ouvrages; c'est certainement pour modifier le débit, pour ralentir les crues, en un mot pour faire œuvre de régulateurs, et tout autant pour empêcher la dénudation des versants, que furent construits les petits barrages du djebel Bellil. Je reste à dessein dans le cercle des monuments dont j'ai parlé plus haut. Ce n'est assurément pas moins pour se défendre contre l'eau que pour l'amener aux villages, que l'on créa, aux gorges des montagnes, ces organes dont sont pourvues les vallées annulaires du Sud byzacénien. C'est certainement pour l'irrigation que des systèmes comme ceux qui enlacent l'oued Bel-Recheb et l'oued El-Hallouf furent constitués et entretenus. La vérité, c'est qu'il faut distinguer.

M. P. Bourde, au début d'un excellent rapport où il a retracé l'histoire de l'olivier dans la région byzacénienne [1], marque avec grande raison ce qu'on savait déjà, c'est que la culture de cet arbre, jointe à celle du figuier, et surtout du pistachier, fut, au temps de la splendeur du pays, la principale de ses richesses. Nous avons tous vu, épars, les restes de l'immense olivette qui couvrit jadis cette terre, et relevé les innombrables ruines d'huileries dont elle est semée. L'auteur expose très justement les causes, le mode et le temps de la disparition de cet état florissant. Je donnerai, dans l'ouvrage général, une indication semblable pour plusieurs parties de l'Algérie, bien qu'aucune n'ait jamais atteint cette intensité de production, cette extension de culture. La ligne par laquelle l'auteur limite du côté du Nord cette zone de l'industrie fruitière, c'est-à-dire le pays qu'il juge n'être propre qu'à fournir de l'olive, correspond presque exactement à celle que j'ai tracée, devant l'Académie, entre les deux régions naturelles de la Tunisie, ligne qui divise, à peu de chose près, le Byzacium et la Zeugitane; je la dévierais en un point seulement, afin que, pour atteindre Hergla, qui est en effet un morceau du Sahel et un centre huilier important, elle n'englobât pas l'Enfida tout entière; la section *C* de mon présent rapport a démontré, je l'espère, que, pour une large part, l'Enfida est dans l'autre région. Il faut donc, comme l'auteur le souhaite, n'appliquer qu'au Byzacium les faits généraux qu'il signale et les conclusions qu'il en tire. Mais, là aussi, l'on doit distinguer, et plus encore, je crois, qu'il ne le fait lui-même.

Il y a eu, dans cette moitié méridionale de la Régence, sur un grand nombre de terroirs, ce qu'il appelle fort bien *des cultures de terre sèche*, c'est-à-dire surtout des plantations d'oliviers. Ces arbres à racines pénétrantes n'exigeaient pas plus d'eau superficielle qu'il n'y en a aujourd'hui, et, ce qui importe, n'avaient pas besoin que cette eau fût autrement répartie; ils n'appelaient point d'aménagement. Toutefois cela ne se pouvait qu'à distance des montagnes, dans les lieux où le régime des eaux n'est pas directement dominé par elles, c'est-à-dire dans la plaine basse qui vient finir à la mer orientale et sur le grand plateau voisin qui remonte jusque vers l'Atlas. C'est déjà beaucoup, c'est énorme; mais ce n'est pas

[1] *Rapport sur les cultures fruitières et, en particulier, sur la culture de l'olivier dans le centre de la Tunisie*, Tunis, 1893.

tout, tant s'en faut ! A déduire du total occupé par les cultures de terre sèche, mais à joindre au total des terrains où l'eau n'eut point à être aménagée, il y a ce qu'en Algérie on appelle *le pays du mouton*. Ici ce sont les plateaux trop élevés pour que l'olivier y soit d'un bon rapport; on avait jadis l'habitude de tracer assez bas cette limite; en France, elle dépasse peu 400 mètres d'altitude; en Afrique, elle va plus haut; mais elle n'en impose pas moins une sensible déduction. C'est ensuite toute la terre salée, soit les environs des sebkhas, les garaas, les bassins analogues, larges espaces que recouvrent à perte de vue le thym et le chih. Il n'y avait là rien à faire, rien ne fut fait. Sur tous ces points nous sommes d'accord.

Mais on n'a jamais vu un peuple qui pût vivre exclusivement d'une production d'olives et de pistaches; et les échanges n'étaient alors ni aussi prompts, ni aussi faciles, ni aussi généraux qu'à présent. La population sédentaire qui habitait les nombreux centres a eu besoin, pour son alimentation, de cultures arrosées. Les villes antiques ne différaient pas, à ce point de vue, de nos villes africaines : toujours, autour de celles-ci, une zone de jardins s'étend dans les campagnes; c'est la possibilité de la former qui a dicté, le plus souvent, le choix même de l'emplacement. De là sont nés les grands travaux d'aménagement sur les oueds aux eaux pérennes ou temporaires, ordinairement impotables, travaux distincts des aqueducs d'eau douce, des captations de sources, et surtout des ouvrages établis pour conserver et employer l'eau pluviale, lesquels tout seuls auraient suffi pour assurer la boisson. Plusieurs de ces créations étaient des travaux de défense, aussi utiles aux portions du terrain qui furent mises en olivettes qu'à celles qu'on employa autrement. Sur ces dernières poussaient les céréales, mais ce n'était pas là le produit principal. Je suis heureux de m'être rencontré avec le savant directeur de l'agriculture tunisienne pour signaler l'imprudence qu'il y aurait à compter sur elles dans une grande partie de ce pays : à peine une année sur trois, sur cinq, est rémunératrice. Cependant le Sahel ne leur est point rebelle; et, même dans la partie du Byzacium qui nous est présentée comme la moins favorable[1], nous avons vu César, au temps où la culture

[1] Voir pourtant ce que dit Pline de ses rendements parfois miraculeux (*H. N.*, XVII, 3 .

de l'olivier n'y était pas encore très développée, trouver dans les silos indigènes un secours qui lui fut précieux. A l'autre bout, dans la partie montueuse, riche en vallées et en cours d'eau, les orges et les blés sont les plus beaux du monde : un homme disparaît dans les moissons au moment où elles vont mûrir. Mais ce qui est plus important, c'est que cette même partie est un pays d'élevage, qui commence vers Kassrin, Feriana, et va jusque dans l'Algérie. Il y a là de larges dépressions, de longues pentes herbues, des fleuves, qui baissent extrêmement, mais qui assèchent bien rarement l'été, et dont les crues sont formidables; il y a des prairies; c'est la patrie des bœufs et surtout des chevaux. Là se rencontrent des travaux d'aménagement hydraulique sérieux, et dont l'effet était senti non seulement dans l'endroit même, mais le long du cours de l'oued, dans la région inférieure. Enfin, au fond et au sud de la Syrte, à Gafsa comme dans l'Arad, n'avons-nous pas trouvé partout oueds et gorges garnis d'ouvrages ?

En résumé, il est très vrai que les cultures fruitières, et surtout l'olivier, ont dominé dans le Byzacium. Il est exact qu'elles n'exigent pas d'aménagement coûteux des eaux, qu'il y avait là une heureuse exception au large effort qui s'imposa dans la majeure partie de la Régence. Il est certain que leur domaine peut encore s'étendre aujourd'hui au delà de la plantation de Sfaks, sur toutes les terres dites *Sialines*. Il est évident qu'autrefois il s'étalait beaucoup plus loin. On a la preuve également que des olivettes très vastes couvraient des espaces considérables aux abords du plateau supérieur, dans les Fréchiches, sur les pentes des vallées au sud-ouest et au sud, et même çà et là dans l'Arad. Mais on ne doit pas oublier que, dans une part de ces contrées, les céréales, reléguées au second rang, ne furent pourtant pas évincées, et que les terres de parcours, de pâture ovine, y tenaient autant de place que l'olivier. On ne saurait imaginer surtout que ces pays se soient passés de travaux d'hydraulique agricole. Cela n'est vrai que partiellement, et dans une partie de la région. La grande culture appelant l'habitation, et celle-ci nécessitant des cultures accessoires, il fallut assurer l'arrosage des environs des centres habités. En outre, l'ouest du Byzacium, pays de monts et de vallées, bien qu'envahi par l'olivier, a dû aménager ses eaux, dans l'intérêt de ses plantations, de ses prairies, de ses jardins, de ses champs. La partie sud, l'Arad, encore bien plus; les ouvrages de défense contre les torrents, les travaux pour le réglage des crues, pour la retenue des terres, pour l'arrêt des eaux, pour la distribution du liquide, y sont multipliés, remarquables.

Somme toute, le Byzacium a eu le même sort que la Zeugitane. Dans sa longue prospérité, la nature fut pour peu de chose, l'industrie humaine créa tout : elle fit vivre le pays dans un état artificiel, qui reposa, suivant les lieux, sur l'extension et le maintien d'une culture appropriée, sur la création et l'entretien d'ouvrages hydrauliques bien conçus. La splendeur de la Zeugitane n'eut pas un autre caractère ; du jour où l'on mit en valeur autre chose que les espaces où il suffisait de labourer et semer, on dut aménager les eaux ; et, peu à peu, toutes les parties où cette œuvre était nécessaire se couvrirent de travaux variés. La cause de la ruine fut, dans les deux, humaine : destruction des plantes, des cultures, destruction des ouvrages, des habitations, destruction des peuples, des institutions ; et l'abandon a succédé à ces tourmentes dévastatrices.

Veuillez agréer, Monsieur le Ministre, l'expression de mes sentiments les plus respectueux.

M.-R. Du Coudray La Blanchère.

Inspecteur général des Bibliothèques et des Archives,
Chef de la Mission archéologique de l'Afrique du Nord.

Paris, 18 décembre 1894.

TABLE DES MATIÈRES.